“十二五”辽宁省重点图书出版规划项目

三友会计论丛 第18辑

SUNYO ACADEMIC SERIES IN ACCOUNTING

环境保护监管与投资者市场反应

张晓东 著

Environmental Regulation Enforcement and Market Reactions

东北财经大学出版社
Dongbei University of Finance & Economics Press
大连

图书在版编目（CIP）数据

环境保护监管与投资者市场反应／张晓东著．—大连：东北财经大学出版社，2021.4

（三友会计论丛·第18辑）

ISBN 978-7-5654-4169-1

Ⅰ．环…　Ⅱ．张…　Ⅲ．环境保护-监管制度-关系-投资行为-研究-中国　Ⅳ．①X321.2 ②F832.48

中国版本图书馆CIP数据核字（2021）第060257号

东北财经大学出版社出版

（大连市黑石礁尖山街217号　邮政编码　116025）

网　　址：http：//www.dufep.cn

读者信箱：dufep@dufe.edu.cn

大连永盛印业有限公司印刷　　东北财经大学出版社发行

幅面尺寸：170mm×240mm　字数：130千字　印张：9　插页：1

2021年4月第1版　　2021年4月第1次印刷

责任编辑：田玉海　郭海雷　　责任校对：郭　玉

封面设计：冀贵收　　版式设计：钟福建

定价：45.00元

教学支持　售后服务　　联系电话：（0411）84710309

如有印装质量问题，请联系营销部：（0411）84710711

出版者的话

随着我国以社会主义市场经济体制为取向的会计改革与发展的不断深入，会计基础理论研究的薄弱和滞后已经产生了越来越明显的“瓶颈”效应。这对广大会计研究人员而言，既是严峻的挑战，又是难得的机遇。说它是“挑战”，主要是强调相关理论研究的紧迫性和艰巨性，因为许多实践问题急需相应的理论指导，而这些实践和理论在我国又都是新生的，没有现成的经验和理论可资借鉴；说它是“机遇”，主要是强调在经济体制转轨的特定时期，往往最有可能出现“百花齐放，百家争鸣”的昌明景象，步入“名家辈出，名作纷呈”的理论研究繁荣期和活跃期。

迎接“挑战”，抓住“机遇”，是每一个中国会计改革与发展的参与者和支持者义不容辞的责任。为此，我们与中国会计学会财务成本分会、东北财经大学会计学院联合创办了一个非营利的学术研究机构——三友会计研究所，力求实现学术团体、教学单位、出版机构三方的优势互补，密切联系老、中、青三代会计工作者，发挥理论界、实务界、教育界的积极性，致力于会计、财务、审计三个领域的科学研究和专业服务，以期为我国的会计改革与发展做出应有的贡献。

三友会计研究所的重大行动之一就是设立了“三友会计著作基金”，用于资助出版“三友会计论丛”。它旨在荟萃名人力作及新人佳作，传播会计、财务、审计研究与实践的最新成果与动态。“三友会计论丛”于1996年推出第一批著作；自1997年起，本论丛定期遴选并分辑推出。

采取这种多方联合、协同运作的方法，如此大规模地遴选、出版会计著作，在国内尚属首次，其艰难程度不言而喻。为此，我们殷切地希望广大会计界同仁给予热情支持和扶助，无论作为作者、读者，还是作为评论者、建议者，您的付出都将激励我们把“三友会计论丛”的出版工作坚持下去，越做越好！

东北财经大学出版社

前言

1990年至2015年，中国在世界制造业产出中所占的份额从3%提高到25%，得益于极其有效的制造业战略，中国已成为世界第二大经济体。这一战略使中国得以攀登经济繁荣的高峰，但其中一个代价就是环境，社会福利受到环境污染的威胁。以习近平同志为核心的党中央对环境保护问题高度重视，党的十八大报告将生态文明作为“五位一体”整体布局的重要一环。习近平主席更是在多个场合反复强调“绿水青山就是金山银山”。

在众多导致环境问题恶化的因素中，地方政府的地方保护主义扮演着重要角色。出于发展经济的动机，个别地方政府牺牲生态环境以换取经济增长。这导致中央政府制定的环境保护政策和法规在地方政府层面难以得到有效的实施。为了确保环境保护政策和法规得到有效实施，中央政府通过环保部门对地方政府的环境保护行为进行督察，但是收效不大。在我国行政体制中，国家环保部门与省级地方政府处于相同级别的地位，而负责具体环境督察工作的官员缺少足够的经济资源和政治资源对省级地方政府进行监督检查。

为了遏制环境污染的恶劣影响，中国在2015年出台了更严格的环境督察制度，督察由中央政府直接进行而非环保部，而开展具体督察工作的中央环保督察小组由正部级领导担任组长。中央环保督察制度强化了环境保护监管的力度，给予了充分的政治资源投入。2016年至2017年期间，中央环保督察小组完成对中国内地所有省份的首轮督察工作。虽然中央环保督察制度出台已经超过5年，并且已经完成首轮内地全部省份的督察行为，但是，现有研究对中央环保督察制度及其效果尚缺少充分的探讨。中央环保督察制度是否产生了预期的效果？各方利益群体对政府强化监管的行为持何种态度？社会公众是否认同中央环保督察的作用？中央环保督察和其他环境治理手段之间的关系如何？本书将借助资本市场中投资者的反应，尝试对上述问题进行回答。这些问题的答案对全面分析中央环保督察制度、理解政府监管措施的运作机制都具有重要意义。

本书主要以中央环保督察作为事件点，利用资本市场中的投资者反应来考察政府强化环境监管行为是否有效，以及政府强化监管行为和市场化治理手段之间的关系。如果中央环保督察是有效的，企业需要增加运营成本和资本成本来减少环境污染的行为。根据有效市场假说，市场价格能对目标公司产生的消息迅速反应并且正确地处理与价值相关的信息，因此我们预计目标公司会出现不利的市场反应，即监管成本的增加将导致污染行业企业市值的大幅下降。实证结果表明，以投资者市场反应作为度量指标，中央强化环境保护监管是有效的。而且，政治因素和经济因素不会缓和市场对中央政府检查的反应。这也表明，社会公众对中央环保督察行为具有充分的认同和信任。针对政府监管和市场化治理手段的研究发现，中央政府强化监管的行为遵守了市场规则，将其作用范围局限于市场化治理手段失效的范围内。

本书可能的贡献在于：证明了政府强化环境监管的有效性，特别是政府强化政策执行的监管行为对治理环境问题的有效性；比较政府监管行为和市场化治理手段的关系，证明了我国政府在遵循市场规律的前提下实施监管的证据；采用市场反应考察政府强化监管的行为，反映社会公众对政府行为的认同程度。

由于水平有限，书中难免有疏漏和不足之处，敬请广大读者批评指正。

张晓东

2021年2月

目录

第 1 章

绪论

1.1 研究背景和研究动机

1.1.1 研究背景

40年的经济高速增长刺激了中国经济的快速转型，但也带来了严重的环境污染。在逐步向世界第二大经济体发展的同时，中国在2006年成为全球最大的二氧化碳排放国（Vidal and Adam，2007），中国的污染问题日益受到重视。

对中央政府来说，环境污染在政治和经济上都构成了严峻的挑战。一方面，发展制造业使数百万中国公民摆脱了贫困，但过度依赖制造业的直接结果便是高污染水平（Vennemo et al.，2009）。另一方面，污染加剧引发了公众对健康的担心。一些大规模国际协议也为中国控制污染物排放提供了进一步的动力，如旨在对气候变化做出协调一致的全球反应的《巴黎协定》。

由于这些原因，治理环境污染已成为我国的当务之急。在历届党的全国代表大会中，环境保护议题受到的关注日益增加。环境保护从被视为社会发展目标的一个细节议程（2002年）演变为可持续经济增长的阶梯，在经济发展战略中占据中心地位（2012年）。党的十八大正式宣布“五位一体”的整体布局，将生态文明与经济等议题并列作为发展目标。习近平主席更是在多个场合反复提到“绿水青山就是金山银山”，反映了中国领导层对环境治理的新重视。2014年，李克强总理表示“中国正在向污染宣战”。

在市场经济环境下，政府解决环境问题的主要途径在于加强监管。尽管环境监管框架已存在多年，但环境保护部（以下简称环保部）强化监管的效果却非常有限。特别是当面对地方政府时，中央政府的环保部常常无力推行强有力的环境监管。2013年7月，时任环保部部长周生贤在一个报告会上有些无奈地说道：“我听说世界上有四大尴尬部门，中国的环保部就是其中之一。”[①]这主要是受到我国现行行政体制的影响。在我国的行政体制下，地方政府（省级政府）负责当地的经济发展和环境保护等事宜。在财政分权体制下，政治和经济两因素都阻碍了地方政府严格执行中央政府制定的相关环境法规。地方政府可能担心，严格执行环境保护政策和法规将导致企业运营成本的大幅度增加，甚至导致企业关闭带来失业率上升和经济增长放缓。在中国的行政体制中，地方政府官员的晋升在很大程度上取决于对当地经济的增长速度和充分就业水平。有资格和能力推行环境保护的地方官员，并不希望治理环境污染对经济增长产生负面影响。这成为造成我国环境状态不断恶化的重要原因。

为了克服地方保护主义对环境治理产生的负面影响，2015年7月，中央环保督察制度正式出台，并于2016—2017年完成对我国内地全部省份的环保督察工作。中央环保督察是由中央政府直接向各省级政府下派环境保护督察小组，对地方政府的环境保护情况进行督察。

从环境治理的角度来看，中央环保督察制度是中央政府强化监管执法的行为。一方面，中央环保督察制度强化了监管的力度，将环境督察从环保部（中央政府下属部门）提升至中央政府直接负责；并且，要求各地方省委书记和省长（自治区党委书记和主席、直辖市党委书记和市长）共同

---

① 章轲.环保部部长周生贤：中国环保部是世界四大尴尬部门之一［EB/OL］.［2013-07-10］. http://roll.sohu.com/20130710/n381174438.shtml.

对环境保护承担责任。另一方面，中央环保督察的核心在于现有环保法规是否得到有效执行，并没有制定新环保法规，因此属于严格意义的强化监管行为。

1.1.2 研究动机

虽然，中央环保督察制度出台已经超过5年，并且已经完成首轮内地全部省份的督察行为，但是，现有研究对中央环保督察制度及其效果尚缺少充分的探讨。中央环保督察制度是否产生了预期的效果？各方利益群体对政府强化监管的行为持何种态度？社会公众是否认同中央环保督察的作用？中央环保督察和其他环境治理手段之间的关系如何？本书将借助资本市场中投资者的反应，尝试对上述问题进行回答。这些问题的答案对全面分析中央环保督察制度、理解政府监管措施的运作机制都具有重要意义。

首先，作为生态文明体制的重要组成部分，中央环保督察制度产生的影响不仅局限于环境治理，还将对中央政府和地方政府之间关系、经济增长和环境保护之间关系以及市场化治理和政府监管之间关系等诸多方面产生影响。更为重要的是，中央环保督察制度尚在不断完善的过程之中，需要根据执行情况及时调整校正，从而更为充分地发挥效果。在缺少科学研究证据支持的条件下，难以正确评价现行制度的有效性，更无法制定具有针对性的调整方案。

其次，作为政府强化监管的途径，中央环保督察可能会触及政府与市场的关系，而如何处理两者之间的关系对深化改革至关重要。因此，借助中央环保督察作为切入点，考察政府强化监管的行为与市场化治理的关系，将有助于更好地理解政府监管的作用机制及与市场化治理之间的关系。

最后，通过市场反应考察政府强化监管的行为，能够更为全面地反映社会公众对政府行为的认同程度。针对环境治理的行为能否获得大众的认同至关重要，但是在现行体制下，缺少科学有效观测公众态度的工具。市场反应代表了资本市场投资者的态度和倾向，能够从侧面反映出社会公众对政府强化监管的认同程度。

1.2 研究内容与可能的贡献

1.2.1 主要研究内容

本书主要以“中央环保督察”作为事件点，利用资本市场中的投资者反应来考察政府强化环境监管行为是否有效，以及政府强化监管行为和市场化治理手段之间的关系。在强化监管有效性方面，现有研究表明，企业环境保护活动会对企业价值产生影响（e.g.Ramiah et al.，2013；Crifo et al.，2015；Tang and Zhang，2018）。如果中央环保督察是有效的，企业可能会付出巨大的运营成本和资本成本，来减少环境污染的行为（Hamilton，1995）。根据有效市场假说，市场价格能对目标公司产生的消息迅速反应并且正确地反映与价值相关的信息，因此我们预计目标公司会出现不利的市场反应，即监管成本的增加将导致污染行业企业市值的大幅下降。为了进一步了解中央环保督察制度的有效性，我们还根据对经济增长和就业的担忧（Chen et al.，2014）以及政治关联的公司通过寻租避免接受检查（Maung et al.，2016）来检验新督察制度的影响。实证结果表明，政治因素和经济因素不会缓和市场对中央政府检察的反应。这也表明，社会公众对中央环保督察行为具有充分的认同和信任。

在政府强化监管和市场化治理手段的关系方面，现有研究表明，市场化的环境治理手段需要以获取充分的信息作为前提条件。如果政府强化监管和市场化治理之间存在替代关系，那么信息披露较为充分的公司受到政府监管的影响较小。考察市场化治理手段和政府监管之间的关系，前提条件是市场化手段对环境污染问题产生有效的治理效应。在现有的制度环境下，市场化治理手段更可能在非国有企业中产生效果，因此，当政府强化监管时，在非国有企业中，信息披露更为充分的公司受到的影响相对较小。此外，对污染行业公司，地方政府出于发展经济和维护地方稳定的考虑，更容易给予优待，进而导致市场化的治理手段失效。因此，市场化手段和政府强化监管之间的替代关系，仅会出现在非污染行业之中。

1.2.2 可能的贡献

本书的贡献可能存在于以下三个方面：

第一，通过研究投资者的市场反应，证明了政府强化环保监管的有效性，特别是政府强化政策执行的监管行为对治理环境问题的有效性。在发展中国家和新兴经济体，执法资源有限或执法机构可能被有政治影响力的公司“俘获”，政策法规的执行力度通常较弱，这也是导致监管政策不能产生预期效果的重要原因。本书所关注的中央环保督察是中央政府强化法规执行的监管行为，利用大量的上市公司层面数据证明了政府强化监管行为的有效性，并区分了不同公司特征在有效性上产生的差异。现有研究对政府强化环保法规执行监管是否有效，主要局限于发达经济体（Lim，2016）。本书尝试填补该方向研究在发展中国家和新兴经济体方面的空白。

第二，通过研究投资者的市场反应，考察了政府强化环保监管和市场化环境治理之间的关系。借助市场化治理的重要条件——信息披露，本书发现政府监管并没有“挤出”市场化的环境治理手段。中央政府强化环境保护监管的行为仅局限于市场化治理手段无法充分发挥作用的区间。在现行体制下，政府在经济生活中扮演着重要角色。政府行为是否遵守市场规则始终备受关注。按照新古典经济学的理论，只有在市场失灵的情况下，政府才应介入经济生活。但是，我国尚处于深化改革阶段，制度环境仍在不断完善的过程中，因此政府对经济生活介入程度较深。本书通过投资者市场反应提供了社会公众对政府强化监管行为的态度。中央政府遵守市场规则，将监管行为局限在市场化手段失效的区间内。

第三，本书通过研究投资者市场反应来考察政府强化监管行为，提供社会公众对政府行为态度的证据。现有研究通常采用政策效果，比如污染物排放水平，对政府监管行为进行考察。但是，社会公众对政府行为是否信任却无法度量。通过研究投资者的市场反应，能够揭示社会公众对政府监管政策是否信任，从而有助于更为全面客观地评价政府环境监管政策和行为。

1.3 本书结构

本书共包括6章，第2章至第6章的主要内容如下：

第2章对现有相关文献进行回顾，以“环境库兹涅茨曲线”作为切入点全面分析经济发展和环境保护的关系，从“财政联邦主义”入手，总结财政分权对中国经济增长的贡献，进而分析财政分权对环境污染产生的负面影响。在此基础上，重点分析了政府监管在环境污染治理过程中的角色，特别是在财政分权体制下，地方政府环境保护监管执法行为的特点。

第3章介绍制度背景，在追溯我国环境保护政策发展历程的基础上，详尽介绍了我国环境保护监管部门的演进过程以及监管职能的变化，最后分析了我国环保督察制度的变迁，并重点介绍了中央环保督察制度的特征。

第4章利用资本市场投资者反应对中央环保督察的有效性进行分析，并重点分析了政治关联、企业规模和过度投资等因素是否会影响中央环保督察的有效性。在采用多种方法进行稳健性检验后，实证结果仍然成立。

第5章利用事件研究法研究投资者的市场效应，探讨政府环境保护监管和市场化治理手段之间的关系，并区分企业类型和行业特征等因素考虑市场化治理手段发挥作用的范围。实证结果表明，政府环境保护监管行为遵守了市场规则，并没有影响市场化治理手段作用的发挥。

第6章总结本书结论和启示，并在分析现有研究不足的基础上指出未来的研究方向。

第 2 章

文献回顾

从经济学角度来看，环境污染是经济发展的副产品。在不同发展阶段，环境污染与经济发展之间也呈现出不同的关系。因此，理解中国的环境污染问题，首先需要从中国经济高速增长的原因入手。自改革开放以来，我国的经济经历了长期高速增长，成为世界瞩目的奇迹。对于中国经济长期高速增长的原因，学术研究至今尚无定论。但是，在众多理论中，"财政联邦主义"（fiscal federalism）的解释力较强且被广泛接受。需要强调的是，"财政联邦主义"并不总是会推动经济高速增长。强有力的中央政府领导是使"财政联邦主义"能够推动我国经济发展的重要原因。但是，"财政联邦主义"也导致了"环境联邦主义"（environmental federalism）。在缺少强有力中央政府监管的情形下，"财政联邦主义"在导致经济高速增长的同时，也导致了严重的环境污染问题。

2.1 经济增长和环境保护

2.1.1 经济增长对环境保护的影响

在环境保护和经济增长的关系上，环境库兹涅茨曲线（environment

Kuznets curve）给出了两者之间的关系。根据环境库兹涅茨曲线，环境保护和经济增长之间存在“先上升，后下降”的关系，即在经济增长初期阶段，环境污染水平会随着人均GDP水平的增加而不断攀升，但是，当经济发展达到一定水平后，人均GDP的增长反而会降低环境污染水平。据此，Beckerman（1992）认为环境治理的最好途径是发展经济，伴随着经济增长，环境治理的质量和水平都会逐渐提升。在环境库兹涅茨曲线中，“拐点”的位置至关重要。“拐点”是指环境污染和经济发展之间关系发生方向性改变的节点。根据Grossman and Krueger（1995）的计算，人均GDP超过8 000美元后，经济增长将会降低环境污染水平。

此后，大量实证研究都发现了经济增长和环境污染之间的倒U形关系，从而证实了环境库兹涅茨曲线的存在。比如，Selden and Song（1994）利用联合国全球环境监测系统（global environmental monitoring system，GEMS）的数据，证实了四种主要污染物——“悬浮颗粒物”、“氮氧化物”、“一氧化碳”和“二氧化硫”——排放水平都与经济发展状况之间存在倒U形关系。但是，也有研究发现了与环境库兹涅茨曲线相矛盾的证据。比如，以硫化物的排放水平作为研究对象，Stern and Common（2001）发现采用全球国家样本时，经济发展水平和污染物排放水平之间存在单向的关系，而倒U形的关系只出现在发达国家的内部。

针对我国的环境污染问题，也有大量研究对环境库兹涅茨曲线关系进行了考察。比如，张晓（1999）发现我国的污染物（废气和二氧化硫）排放水平与经济发展之间的关系与环境库兹涅茨曲线预期相一致，只要环境政策得力，环境污染情况会很快得到遏制。而赵细康等（2005）却发现“废水排放总量”、“人均废水排放量”、“废气排放总量”和“人均废气排放量”都与经济增长呈现正U形关系；“二氧化硫排放总量”和“人均二氧化硫排放量”呈现出环境库兹涅茨曲线态势，但是“拐点”较高；只有“烟尘排放总量”和“人均烟尘排放量”与人均GDP呈现出倒U形关系。包群和彭水军（2006）采用联立方程的方法来控制“经济增长”和“环境污染”之间的双向作用机制，联立方程的回归结果发现，“工业废水”、“工业粉尘”、“工业烟尘”、“二氧化硫”和“工业固体废弃物”都呈现出了环境库兹涅茨曲线效应。

李猛（2009）从我国特有的财政分权特征出发，提出应当将地方政府的财政能力和人均GDP水平同时纳入环境污染的分析框架中。实证检验的结果发现，工业二氧化硫和化学需氧物的排放水平都与人均财政能力呈现出倒U形关系。林伯强和蒋竺均（2009）发现，理论上预期的环境库兹涅茨曲线观点在数据中并没有得到验证，他们将原因归结于忽略了“能源消费强度”和“能源结构的碳强度”，两者分别受到工业能源强度和煤炭消费比例的影响。

由于我国幅员辽阔，不同地区之间的自然条件和经济发展水平存在巨大差异，因此，很多研究区分不同地区对环境库兹涅茨曲线进行考察。蔡昉等（2008）采用二氧化硫度量污染物排放水平对我国环境库兹涅茨曲线效应进行分析，研究结果表明，环境污染和经济发展之间的关系在不同地区之间存在显著差异。虽然，从整体上来看，环境库兹涅茨曲线在我国能够成立，但是，当将样本区分为东部地区和中西部地区后，仅有前者存在倒U形关系，而后者则呈现单调递增的趋势。许广月和宋德勇（2010）选用1990—2007年中国省域面板数据，运用面板单位根和协整检验方法，对中国碳排放环境库兹涅茨曲线的存在性进行了验证。研究结果表明，中国及其东部地区和中部地区存在人均碳排放环境库兹涅茨曲线，但是西部地区不存在该曲线。宋马林和王舒鸿（2011）则区分不同的省份对环境库兹涅茨曲线效应进行分析，发现在北京、上海和吉林等省份污染水平和经济发展之间存在倒U形的关系，而在辽宁、安徽和福建等省份并不存在该曲线。

黄茂兴和林寿富（2013）把环境当作具有一定再生能力，并可对其进行有效管理的特殊生产要素，将其引入到Romer模型并对模型进行扩展，构建了考虑污染损害、环境管理等要素的五部门内生增长模型。利用2003—2011年我国内地30个省份（西藏除外）的面板数据，发现我国仍处于环境库兹涅茨曲线倒U形曲线的左端，距离转折临界点还有一段距离。在未来一段时间内，伴随着人均GDP水平的提升，我国环境污染物的排放及其对环境产生的损害水平将进一步提升。经济增长将消耗更多的环境要素，造成更为沉重的环境压力。但是，从长期来看，良好的环境管理对经济增长和环境之间的关系至关重要。即便经济增长使得污染损害和压力增加，良好的环境管理也可以保证环境具有良好的再生能力，并提升环境的承载能力，从而整体环境质量不会恶化，甚至有所提升。王敏和黄滢（2015）利用112座城市在2003—2010年间的大气污染浓度数据，考察我国经济增长和环境污染之间的关系，发现所有的大气污染浓度指标都呈现出U形曲线。在考虑了每个城市特定的时间趋势变量后，高增长并不一定会导致高污染。

从环境库兹涅茨曲线的研究来看，来自我国的数据基本上证实了经济发展和环境污染之间的倒U形关系，但是关于拐点出现的时间尚存在分歧。值得注意的是，在中国的环境库兹涅茨曲线研究中，财政分权和政府监管的作用受到了关注。

2.1.2 环境保护对经济增长的影响

在经历了长期的经济高速增长后，环境保护问题日益受到中国政府和社会公众的关注。特别是，在经济增长模式转型过程中，环境保护对经济增长的影响日益受到研究的关注。

陈诗一和陈登科（2018）考察了环境污染对经济发展的影响，以克服现有研究仅考虑经济发展对环境污染的局限性。为了避免研究设计中的反向因果关系，文章选取了自然环境和政府治理两个工具变量：空气流动系数和省级政府报告中环境词汇出现的次数。空气流动系数主要取决于风速和大气边界，符合外生性假设；空气流动系数越大，空气流动性越强，从而与雾霾治理反向相关。政府工作报告中环境词汇出现的数量能够更为全面地体现环境治理强度。一方面，政府工作报告发布于年初，先于经济活动，避免反向因果。另一方面，采用省级政府工作报告，而非市级政府工作报告，有助于缓解反向因果关系。采用2sls回归发现，环境污染会降低经济发展速度，其主要的机制是通过降低城市化进程的速度，降低人力资本产生影响。

余泳泽等（2020）手工收集整理市级政府工作报告中公开的环境目标约束数据，在理论分析的基础上，采用DID模型和工具变量法从城市和企业两个维度实证检验了地方政府环境目标约束对产业转型升级的影响。研究发现，将环境绩效纳入官员考核后，面临环境目标约束的地方政府，其产业转型升级效果较为明显。环境目标约束会使地方政府通过加强环境规制、调整产业政策和财政支出结构等行为推动当地产业转型升级。主动推行环境考核，官员更有积极性推动本地产业结构升级。以上结论为中国实现环境治理与产业转型升级的“双赢”提供了现实依据。基于30个省份的工业绿色竞争力的数据，杜龙政等（2019）考察了环境规制对竞争力的影响，发现中国环境规制与工业绿色竞争力之间呈现U形曲线关系。

龙小宁和万威（2017）通过理论模型分析发现，环境规制可以提高合规成本较低的大规模企业的利润率，但会降低合规成本较高的小规模企业的利润率和企业数量。在实证检验方面，他们利用1998—2007年中国制造业企业数据，使用双重差分考察了清洁生产标准的实施对企业利润率的影响。结果证明，清洁生产标准的实施显著提高了企业的利润率，但是并没有促进企业创新，也没有提高企业补贴。进一步的分析发现，清洁生产标准的实施提高了规模较大企业的利润率，降低了规模较小企业的利润率，减少了小规模企业的数量。

李虹和邹庆（2018）利用中国2005—2016年282个城市的面板数据发现，资源型和非资源型城市，无论是产业结构合理化还是高级化，环境规制、资源禀赋均对其存在着显著的门槛效应。环境规制对产业结构合理化和高级化趋于有利，即可将环境规制作为倒逼机制来推进城市的产业转型发展。景维民和张璐（2014）运用2003—2010年中国33个工业行业数据，发现合理的环境管制能够转变技术进步方向，有助于中国工业走上绿色技术进步的轨道。在目前较弱的环境管制和偏向污染性的技术结构下，对外开放对中国绿色技术进步的影响可以分解为正向的技术溢出效应和负向的产品结构效应，其正向效果的发挥有赖于环境管制的加强和政策上的合理引导。

白俊红和聂亮（2018）考察了环境约束下的能源效率对中国经济发展方式转变的影响。研究结果显示，与未考虑环境污染相比，环境约束下的能源效率对经济发展方式转变的影响更为明显，这也在一定程度上表明，如果不考虑能源效率提升的环境污染改善效应，将会低估其对经济发展方式转变的影响。

张伟和吴文元（2011）利用长三角城市群1996—2008年全要素能源

效率及其成分的数据，对能源效率及其成分的影响因素进行了实证分析。研究发现，在环境约束下，能源的过度使用以及废气的过度排放导致长三角都市圈能源效率增长率和能源使用技术效率增长率的降低，而忽视能源使用减排技术的提高导致能源使用技术进步增长率的降低。刘啟仁和陈恬（2020）研究中国企业出口行为对环境绩效的影响机制。实证研究结果表明，出口造成中国企业二氧化碳排放强度显著增大，同时，排放强度随着企业出口密度的提高不断增长，出口并没有显著提升企业环境绩效；中国出口企业生产效率更低，进而导致更高的碳排放强度。出口企业的低效率和低利润率进一步拖累了企业技术升级和环保投资。林伯强和刘泓汛（2015）测算发现中国工业行业能源环境效率水平不高，但整体处于上升趋势。对外贸易与能源环境效率之间存在正向的反馈作用：一方面，对外贸易通过进口产品技术外溢和出口中学两种途径对能源环境效率起到显著的促进作用；另一方面，能源环境效率高的行业会更积极参与对外贸易。

任力和黄崇杰（2015）选取中国对37个贸易伙伴国家的出口数据，研究了环境规制强度对中国出口贸易的影响。结果显示，中国的环境规制强度与出口贸易之间具有显著的负相关关系，环境规制强度越高，对出口贸易的负面影响越大。进一步的研究发现，发达国家的环境规制强度对中国出口贸易具有显著的负面影响，而发展中国家的环境规制强度与中国相应的出口贸易之间并没有显著的相关性。由此可以看出，中国的出口贸易，尤其是在与发达国家进行的国际贸易过程中，环境规制是一个影响比较优势的重要因素。

李小平等（2012）考察了环境规制强度等因素对中国30个工业行业1998—2008年贸易比较优势的影响。经验数据检验发现，中国工业行业的贸易比较优势集中于劳动密集型产业，环境规制强度提升了工业行业的比较优势，环境规制强度对产业贸易比较优势的提升存在一定程度的限制，当环境规制强度超过一定水平时，反而不利于产业贸易比较优势的提升。童健等（2016）采用2002—2012年间中国工业行业的省际面板数据发现环境规制对工业行业转型升级的影响在东、中、西三个区域均呈现J形特征，但J形曲线拐点处对应的环境规制强度存在较大差异，东部最低、西部最高。因此，政府应根据该特点选择恰当的治理时机，实施差异化的区域性环境规制政策。

杨继生等（2013）发现中国环境污染成本占实际GDP的8%~10%，而且经济发达地区明显高于欠发达地区。居民健康支出对经济增长的长期弹性显著大于1，表明经济增长对居民健康的替代效应远大于收入效应，在总体上降低了社会健康水平。尤其需要关注的是，社会意识和法治等社会环境因素对自然环境污染的遏制作用在2008年以后较之前显著弱化，显示了强化环保法治建设及社会意识培养的紧迫性。

王兵等（2010）测度了中国30个省份1998—2007年的环境效率、环境全要素生产率及其成分，并对影响环境效率和环境全要素生产率增长的因素进行了实证研究。文章发现，能源的过多使用以及SO_2和COD的过度排放是环境无效率的主要原因，环境效率较高的省份均集中在东部地区；环境全要素生产率增长率平均高于市场全要素生产率增长率，中西部地区无论是市场全要素生产率还是环境全要素生产率增长率均低于东部地区，资源环境因素对各省份全要素生产率的排名有显著的影响；人均地区生产总值、外商直接投资（FDI）、结构因素、政府和企业的环境管理能力、公众的环保意识对环境效率和环境全要素生产率有不同程度的影响。

陈素梅和何凌云（2017）在“世代交叠”（overlapping）基础上，考虑环境污染对劳动生产率的影响，探讨了在既定税率情形下能源税收入在居民收入与减排活动之间的最优分配比例，以降低“环境-健康-贫困”陷阱的风险。研究表明，理论上存在能够实现人均产出最大化或居民福利最大化的最优分配比例。然而，结合中国实际，研究发现我国能源税收入分配政策难以同时满足两者最优目标；具体分配比例取决于政府决策偏好，并需要根据实际情况进行相应调整。

2.2　“财政联邦主义”与经济增长

在经历了长时间的经济高速增长后，现有学术研究对中国经济增长的动因依然没有一致性的结论。在众多理论中，“财政联邦主义”被认为与中国实际情况较为一致，具有较好的解释力。但是，学者也意识到采用“财政联邦主义”的国家和地区很多，比如俄罗斯和墨西哥，然而经济高速增长并不是普遍现象。这也促使了“财政联邦主义”理论的发展，从第一代“财政联邦主义”进化到第二代“财政联邦主义”。

2.2.1 第一代“财政联邦主义”

第一代的“财政联邦主义”理论，在没有考察政府内部代理问题的前提下，从资源配置效率考察不同地方政府间的竞争行为可能产生的影响。第一代“财政联邦主义”以Tiebout（1956）和Oates（1972）为代表。Tiebout（1956）主要从收益角度出发，考察了“财政联邦主义”的优点。在“财政联邦主义”下，选民能够采用“用脚投票”的方法，选择与个人偏好相符的地区居住。这种行为能够向政府揭示选民对公共产品的偏好，从而促使政府更为有效地利用资源。Oates（1972）则侧重于从成本角度考察“财政联邦主义”的成本：不同地区之间的外部性和规模经济的损失。外部性是指，不同地区的政府在竞争过程中，采用“无下限”（race to bottom）的方法。比如，地方政府为了获得更多的税源，而放任企业破坏环境的行为，甚至主动吸引污染企业到本地开设工厂。因此，“财政联邦主义”的核心在于成本和收益的权衡。由于地方政府之间的竞争行为，跨区域的公共产品需要由中央政府来提供。比如，虽然地方政府会在治理范围之内修建公路等基础设施，但是全国性的公路网络仍然需要由中央政府负责建设。由于在征税过程中地方政府可能发生“无下限”地争夺税源的行为，因此，征税权应当收归中央，并由中央政府以转移支付的方式向地方政府提供财政支持。

2.2.2 第二代“财政联邦主义”

在第一代的“财政联邦主义”文献下，地方政府之间的竞争会推动经济发展。但是，地方政府之间的竞争需要几方面的前提条件。首先，地方政府必须有足够的自主权去选择不同的政策；其次，存在统一的国内市场，不同地区间不存在市场进入限制，供地方政府之间进行竞争；再次，不存在“预算软约束”，地方政府需要对自身的财政行为承担最终的责任；

最后，中央政府不能随意终止地方官员的任期，需要有制度化的地方官员变更程序。

在第一代“财政联邦主义”中，政府官员被设定为努力寻求社会福利最大化的善良管理者。而在第二代“财政联邦主义”文献中，政府官员的目标取决于其所处的政治制度环境，这通常会偏离社会福利最大化的目标。

第二代“财政联邦主义”开始考虑代理问题和政治因素。在政治因素方面，中央政策由立法机构制定，而立法机构的成员为了当选需要得到特定选民的支持，可能会忽略其他对选举结果无足轻重选区的诉求。在这种情况下，中央政府的政策并不致力于社会福利的最大化。对“财政联邦主义”的成本收益的权衡，既要考虑中央政府政策过程中可能存在的问题而产生的成本，也要考虑其对地方行为外部性的治理而带来的收益。

在代理问题方面，负责政策实施和执行的官员并非民选，而是来自行政体系内部的任命。因此，行政官员仅对上级负责，并没有动机考虑政策是否与当地情况相符，以及是否与地方利益相一致。在这种情况下，“财政联邦主义”的分权行为会带来寻租、利益集团游说等问题，从而导致资源配置既不公平，也没有效率。

在第二代“财政联邦主义”下，地方官员的民主选举机制成为有效约束官员的机制。由于具有信息的优势，当地民众比中央政府能够更有效地约束当地官员。因此，“财政联邦主义”带来的分权能够更有力地支持当地经济发展。

2.2.3　“财政联邦主义”与中国经济发展

与国外研究不同，基于中国数据的研究基本上认同“财政联邦主义”对中国经济发展的贡献。特别是，由于存在强有力的中央政府，“财政联邦主义”能够有力地推动经济发展，即第二代“财政联邦主义”的理论。Qian and Roland（1998）认为，中国采用“财政联邦主义”进行的分权对“预算软约束”行为发挥了治理作用。在“预算软约束”下，政府是否对企业进行救助受制于两方面因素：获得的政治利益和付出的经济成本。其中，经济成本取决于政府的财政分权程度。在“财政联邦主义”下，地方政府间对资本要素的竞争，增加了政府救助低效率企业的机会成本，进而降低了地方政府进行救助行为的激励效果。同时，由于中央政府控制货币供给，在“财政联邦主义”下，地方政府和中央政府之间会形成利益冲突，这将进一步约束地方政府救助低效率企业的行为。

Lin and Liu（2000）则采用20世纪80年代中期的财政体制改革，证明了“财政联邦主义”对中国经济增长发挥的正面作用。Jin et al.（2005）采用地方政府数据证明，“财政联邦主义”不但有助于经济增长，还能促进社会公平。Li and Zhou（2005）则证明中央政府通过对官员升迁的控制将经济增长速度和官员晋升相联系，有效地保证了“财政联邦主义”的正面作用得到充分发挥。

Blanchard and Shleifer（2001）指出，在实施“财政联邦主义”的国家中，由于中央政府扮演的角色不同，中国和俄罗斯的经济发展水平截然不同。在俄罗斯，地方政府存在被大企业“俘获”和不同部门进行寻租竞争的情况。前者是指政府部门为了大企业的利益而放松监管，同时打压新企业的出现；后者是指在新企业出现过程中，不同政府部门争相在新成立的企业中进行寻租，从而使得新企业无利可图而退出。

而在中国，上述两种情形都不存在：一方面，在中国经济转型之中，并没有涉及大规模的工业企业，因此地方政府不会被“俘获”；另一方面，由于集权的政治机制，中央政府能够对地方官员的不当行为进行约束和修正。而在俄罗斯，中央政府既无力制定明确的分享经济收益的规则，也无力将中央政府的观点强加给地方政府（Treisman，1999；Shleifer and Treisman，2001）。

2.3 “财政联邦主义”与环境污染

2.3.1 “环境联邦主义”与“污染避难所”

将“财政联邦主义”的分权思路应用于环境污染问题的研究，就产生了“环境联邦主义”的观点。Oates and Portney（2003）对“环境联邦主义”的相关问题进行了总结。在“环境联邦主义”下，环境政策的制定应该交给地方政府，从而提升环境保护的效果。在分权的情况下，地方政府官员为了推动经济发展会将环保基准降到较低的水平。在“财政联邦主义”下，为了增加税源、增加工资收入，地方政府之间的竞争会达到包括环境保护在内的“帕累托”最优的结果，比如Oates and Schwab（1988）的研究。但是，上述结论的成立以一系列的假设为前提，包括：地方政府规模较小，只是资本价格的接受者；地方政府无法针对其他地方政府的竞争行为调整自身行为和战略；为了实现财政目标和监管目标，地方政府具有充分的政策工具可供选择；公共政策结果没有外部性。但是，在现实中，上述前提并不容易成立。比如，地方政府的规模较大，能够影响资本价格的形成，而不仅仅是资本价格的接受者。特别是，根据公共选择（public choice）的理论，如果地方政府官员希望尽力扩大当地政府规模，那么地方政府有动机将采取较为宽松的环境政策，从而吸引更多的外地投资，进而增加当地的税源（Oates and Schwab，1988）。按照这种思路，“财政联邦主义”将会导致环境保护中的“污染避难所”效应（pollution haven），即地方政府会牺牲环境而换取经济发展。“财政联邦主义”是否会导致地方政府的污染行为更为严重，取决于分权产生的激励作用和扭曲作用之间的相互权衡。

从实证角度来看，“环境联邦主义”最为直观的证据在于“污染避难所”假说在现实中是否成立，根据“财政联邦主义”，财政分权的主要目的在于获取各种可以流动的生产要素，其中以资本最为重要。因此，大量研究考察了环境污染与吸引外商投资之间的关系。

与“环境联邦主义”的负面作用相一致，Javorcik and Wei（2003）采用东欧国家和苏联的数据对“环境联邦主义”进行了研究，结果发现环境保护的严格程度会影响外商投资行为，但是当采用不同的方法度量环境保护严格程度时，结果并不稳健。但是，Eskeland and Harrison（2003）采用工业化国家在墨西哥、委内瑞拉、摩洛哥和科特迪瓦等国进行对外投资的数据，并没有发现环境监管标准影响投资行为的证据。Levinson（1996）利用美国的数据，采用多个行业数据和多项环境保护水平指标对“污染避难所”假设进行检验，并没有发现厂址选择与环境保护强度之间的关联。

Randy Becker and Vernon Henderson（2000）考察空气质量监管对厂址选择的影响，发现受到更为严格监管的地区，新增污染企业的数量减少了40%左右。Keller and Levinson（2002）、List et al.（2003）、Xing and Kolstad（2002）和List and Co（2000）采用美国的数据发现了在吸引外资的过程中，地方政府的环境保护标准越低，其能获得的地位就越有利；而较高的环境监管标准将降低对外资的吸引力。

Dean et al.（2009）采用中国的数据发现，来自中国香港、中国台湾和中国澳门地区的资金，对环境保护的严格程度较为敏感，宽松的环境保护措施将吸引更多来自上述地区的资金进行投资。但是，对来自高收入国家的外资而言，环境保护的严格程度并不会影响其投资行为。Cai et al.（2016）利用我国设定“双控区”考察了环境保护严格程度对外商投资的影响。其研究发现，更为严格的环境保护措施确实会降低外商投资的水平，但是对来自环境保护较好国家的投资而言，并没有受到显著的影响；而来自环境保护较差国家的投资，确有显著下降的事实。这与Dean et al.（2009）的研究结果相一致。

夏友富（1999）发现，外商确实将国外已经淘汰的、严重污染环境的、禁止使用的产品、技术和设备转移到国内。朱平芳等（2011）采用中国地市级政府的数据发现，环境保护严格程度与对外投资之间的关系确实存在，从平均水平上来看，影响并不显著，但是，在不同的外商投资区间存在显著的差异。在外商投资规模处于中高水平的地区，外资对环境保护的严格程度较为敏感。杨子晖和田磊（2017）对1991—2011年中国各省份的FDI与环境污染的关系展开深入研究，发现污染天堂假说只在中国部分省份成立。随着贸易开放程度的扩大，当地环境恶化的压力也将随之增加；以资本密集度不断提高为主要形式的产业结构升级，在一定程度上促进了污染排放技术的改进，从而降低了FDI污染系数。

彭水军和刘安平（2010）利用中国1997—2005年环境污染数据发现：1997—2005年中国为污染顺差国，对外贸易对中国环境的综合影响是负面的；随着进出口结构的调整和生产技术的进步，这种负面影响1997—2002年逐渐下降；2002—2005年，由于出口规模相对进口规模增长过快，污染顺差再一次快速上升。整体而言，中国的出口品比进口品更“清洁”，参与国际贸易对中国污染减排是有利的，因此“污染避难所”假说在中国并不成立。但1997—2005年，各类污染物的贸易条件总体上呈现不断恶化的发展态势。张宇和蒋殿春（2013）发现外资企业的进入并未引起中国产业结构向高能耗行业转移，但是，外资的流入显著促进了当地和其他地区节能技术的应用，并对当地的环境监管起到明显的强化作用。尽管外资流入会通过弱化其他地区的环境监管引起这些地区能耗强度的提升，但其在节能降耗方面的总体影响仍是积极的。

2.3.2 财政分权与“污染避难所”

除了“污染避难所”假说外，国内研究还直接考察了财政分权和污染物排放之间的关系。张克中等（2011）利用1998—2008年的省级面板数据，从碳排放的角度考察了财政分权与环境污染之间的关系。研究结果表明，分权程度的提高不利于碳排放的减少，分权可能会降低政府管制环境的努力。进一步的研究还发现，财政分权对碳排放的影响在不同能源消费结构、不同地理区位、不同环境政策的省份之间存在显著差异。祁毓等（2014）认为，在中国，财政分权并非法律上的分权而是“事实上”的分权。据此，根据财政事权的实际情况，其将财政分权区分为三个阶段：倾向于分权的环境管理和事权划分体制（1973—1993年）、在分权的体制框架下环境管理呈现出集权的趋势（1994—2007年）和分权体制下中央调控力度和地方环境治理激励不断加强（2008年至今）。文章运用环境机构人员的分布情况度量分权程度，发现污染物排放水平与分权水平之间存在显著的正向关系。

也有研究发现，采用不同的分权水平度量指标时，分权水平与污染物排放水平之间的关系并不稳定。薛钢和潘孝珍（2012）利用1998年到2009年的省级面板数据，对中国财政分权与污染物排放规模之间的关系进行了实证分析。研究发现，以支出分权度衡量的财政分权指标与污染物排放规模负相关，且实证结果具有稳健性，以收入分权度衡量的财政分权指标与污染物排放规模的关系从实证的角度来讲不确定。而白俊红和聂亮（2017）则采用各级环保机构规模与人员数量动态变化特征的角度构建环境分权指标，用以考察分权与污染治理之间的关系，发现分权水平有助于提升雾霾治理的水平。朱向东等（2018）用2003—2013年地级以上城市数据考察了分权对环境污染的影响，发现地方政府之间的竞争会显著增加本地和周边地区空气污染，而环境规制是抑制空气污染的重要方式。

黄寿峰（2017）利用2001—2010年中国省级PM2.5年度数据分析财政分权对雾霾污染及其波动的影响。结果表明，财政分权度的提高会显著加剧本地区及周边地区的雾霾污染，但财政分权对以工业固体废弃物为代表的局部性污染物作用不明显，中国存在雾霾污染“搭便车”现象。地方政府能有效控制本地雾霾污染，但由于环境“无下限”竞争，地方政府会削弱对环境的把控。

卢建新等（2017）将环境污染与地方政府的土地出让行为联系起来，考察工业化进程中的招商引资行为对环境污染的影响。基于2003—2014年252个地级市的数据，卢建新等（2017）发现，工业土地协议出让面积与当地污染物排放水平显著正相关，而与GDP、财政收入和税收等经济发展指标负相关。这表明，采用协议出让土地的方式推动经济发展，并未取得预期的效果，反而会降低当地环境质量。

张征宇和朱平芳（2010）则发现，在特定情况下，地方政府之间的竞争有助于推动环境治理。基于2002—2006年中国276个地级市数据，他们检验了地方政府在环境政策上的竞争和博弈行为。实证结果发现环境支出增长在较低水平上依靠时间上的累积，但随着支出水平提高到某一阈值后，地区间竞争成为拉动地方环境支出的主要动力。

2.4 分权与政府环境监管

2.4.1 政府监管与环境治理

在推动经济增长的同时，分权也导致了环境问题。作为具有明显外部性的问题，环境治理离不开政府监管的措施，特别是政府的环境监察（inspection）行为。政府监管和公众诉讼（private enforcement）都是常见的环境治理方式。政府监管是指，政府部门作为行政机构，采用各种行政手段确保在实践中各项环境法规得到有效的实施，从而改善环境治理状况。公众诉讼是指，社会公众（包括个人和非营利组织）通过提请司法诉讼的方式纠正违反环境法规的行为。

Shimshack（2014）指出，与司法诉讼等公众执法行为相比，政府监管行为对环境保护而言更加重要。这主要有三方面原因：首先，在环境保护中，由于信息不对称的原因，作为受害者的社会公众难以确定污染的来源；其次，在环境保护行为的监督和执法过程中，可能存在规模经济和自然垄断；最后，公众监督行为可能会产生负的外部性。

在美国，大多数的环境立法都来自联邦政府层面，而法规的执行和监督通常由地方政府或者地方机构负责完成。联邦政府的环境保护局及其管辖的机构，享有监督地方执法机构的权力。环境保护局有权取消地方政府的环境执法权限，但是这种现象较少发生。在美国的环境执法体制中，监察行为也是合规性监督的最主要方法。特别是政府环境监察，对改善环境质量至关重要（Shimshack，2014）。为此，在本书中，我们将政府环境执法和政府环境监察作为相同的概念加以使用。

从经济学角度来看，关于政府监管的严格理论研究起始于Becker and Gary（1968）。在Becker and Gary（1968）的分析框架下，风险中性的理性代理人，面临能够产生私有收益但是使第三方产生成本的决策。代理人需要考虑权衡该项行为的预期收益和预期成本。在政府监管的情况下，预期成本取决于不当行为被政府发现的概率，以及发现后将面临的处罚。在无过错原则（strict liability）下，当预期收益超过预期成本时，风险中性的代理人将选择实施该项有害的决策。无过错原则是指如果该行为产生有害的影响，无论代理人是否存在主观故意，政府都将给予代理人惩罚。而在有过错原则（fault-based liability）下，代理人预期的收益超过可能产生的不利社会影响时，会选择实施该项行为。有过错原则是指该行为产生的影响，从社会整体范围来看，损害超过了收益。

Becker and Gary（1968）的理论成为确立最优监管方式的起点。在假定全部违法行为都能被发现的情况下，按照无过错原则，监管机构的最优选择是将预期处罚设定为与预期有害影响相同的水平；按照有过错原则，监管机构的最优选择是对整体上产生社会危害行为，将预期处罚设定为与预期有害影响相同的水平。在模型中，代理人受到的处罚取决于其行为被发现的概率和被发现后的处罚金额。因此，根据Becker and Gary（1968），选择较高的处罚金额和较低的甄别概率对执法机构来说是最佳的选择。从处罚的方法来看，由于非货币化处罚（比如声誉）的实施成本较高，而货币化处罚（比如罚款）的实施成本较低，对政府监管机构而言，只有当货币化处罚无法产生震慑效果时，才会转向非货币化的处罚。如果规避监管行为，那么不同的监管方法将会产生不同的结果。Heyes（1994）证明，频繁但是并不深入的监管执法行为，将会诱发规避监管以隐藏违法的行为；而不频繁但是深入的监管执法行为，则有助于消除隐藏行为。

2.4.2 政府监管与合谋

上述政府执法研究，仅是在理论上探讨了最优的监管策略和可能产生的结果，而政府的实际监管行为可能与理论模型存在较大差异。这主要是由于政府监管部门的行为与模型的假设存在较大差异。在政府监管中，监管官员可能并不会以执法效率和效果作为追求目标。监管官员可能会被监管对象“俘获”（Stigler，1971；Peltzman，1976），也可能出于规避冲突、避免关注的考虑而减少投入（Joskow，1974；Hilton，1972；Leaver，2009）。当监管对象成功俘获监管部门，合谋就成为研究监管有效性的关键。

早期的合谋文献主要集中在企业之间的合谋行为，比如定价过程中，企业间形成卡特尔的合谋行为（Stigler，1964；Chamberlin，1929）。随着理论研究的进展，合谋行为开始从组织间进入到组织内部。组织内部的合谋行为主要以代理人之间的合谋行为为主。组织内部的合谋行为起始于Tirole（1986）。Tirole（1986）构建了“委托人-监管者-代理人”（principal-supervisor-agent）的三层委托代理关系，对组织内部的合谋行为进行了刻画。在三层委托代理关系中，委托人将生产工作交由代理人完成，同时雇用监督者对代理人的行为加以监督。如果监督者对委托人忠实，并能够向委托人提供关于代理人工作的增量信息，那么雇用监督者在经济上具有可行性。但是，依据社会学关于科层组织的相关研究，在三层委托代理关系中，监管者和代理人之间存在普遍的合谋行为。这导致委托人很难从中间层（监管方）获得真实信息。监管方对信息委托，既可能故意忽略（ignore）信息或者歪曲（distort）信息，还可能不执行既有法规并隐瞒实际情况。同时，代理人通过隐秘方式给予监管方回报，并且在绝大多数情况下，这种回报并非采用货币形式。在这种情况下，通过设计合理激励方式，向监督者支付防范合谋的报酬，雇用监督者的行为也具有经济上的可行性。从核心内容来看，主流的组织内部合谋行为主要考察设计合理的防范合谋的激励方法。

2.4.3　分权与政府监管

地方的分权行为可能导致地方官员被利益群体“俘获”。相比之下，中央政府被利益群体“俘获”的可能性较小。Cai and Treisman（2004）对地方政府之间的竞争行为进行了更为严格的分析。当各地方的司法体系存在异质性时，不同地方政府会因生产要素的竞争而出现“无下限”的情况。地方政府为了争夺生产要素资源，会协助企业规避中央政府的监管行为。

针对中国“财政联邦主义”中的地方政府被监管对象“俘获”问题，尹振东和聂辉华（2020）构建了中央政府-地方政府-企业的三层代理框架进行理论分析。在该三层框架中，中央政府授予地方政府管理企业的权限，这与我国“财政联邦主义”的分析思路相一致。地方政府拥有发展经济和实施管制两项权力。而企业可以选择两类不同的生产技术：“合规技术”（没有负外部性，但是高成本）和“不合规技术”（有负外部性，但是低成本）。如果采用“不合规技术”，需要企业和政府之间的合谋行为才能获得审批；而采用“合规技术”则不会存在合谋行为。在这种情况下，地方政府用动机与企业进行合谋，给予“不合规技术”企业进入市场的资格，既能推动经济增长，也会增加地方官员的绩效等收入水平。在三层框架中，中央政府对发展经济和实施监管的权衡至关重要。在发展经济和实施监管两项任务中，当中央政府倾向于前者时，比如在经济发展初期，地方政府更容易被“不合规技术”企业所“俘获”而与之“合谋”，这将导致“高增长、多事故”的局面；反之，当中央政府倾向于后者时，比如经济较为发达时期，地方政府更倾向于选择“合规技术”企业，从而形成“低增长、低事故”的局面。尹振东和聂辉华（2020）将其理论应用于我国经济发展不同阶段的环境保护政策分析，认为党的十八大前后中央政府对发展经济和加强监管的权衡出现转变。因此，在党的十八大之后，环境保护力度出现了显著的变化。自2014年下半年开始，环保部从之前监督地方企业的环境保护扩大到监督地方政府的环境保护问题，2015年将区域环保督查升级为中央环保督察。这将有效阻止企业与政府之间的合谋现象，进而改善环境治理效果。

与三层分析框架相一致，Nie et al.（2013）利用2000—2010年的省级月度矿难死亡人数数据发现，在每年当地的人大和政协两会期间，煤矿事故和死亡人数都会显著减少。这种效果并非来自安全生产水平的提升，而是当地政府针对人大和政协两会而进行的限产行为。在媒体更为发达的地区和主管副省长任期后期，这种周期性的现象更为显著。

在中国特色的“财政联邦主义”分析框架下，中央政府扮演着至关重要的角色。通过增强中央政府的监管强度，地方政府和地方企业的行为能够得到有效的约束。Jia and Nie（2017）分析了中央政府加强国有煤矿的管制水平对矿难死亡人数所产生的影响。当国有煤矿在地方政府的管理下，分权带来了企业和当地官员的合谋，为了获得更多的经济发展收益而牺牲了安全监管，从而造成矿难频发，死亡人数上升；而当中央政府加强对国有煤矿的管制水平，将其管理权限收归中央政府后，企业和地方监管部门之间的合谋行为被打破，因此矿难的死亡人数大幅度下降。

与之相近，Fisman and Wang（2015）发现，公司高级管理人员的政治关联会显著提升公司员工在工作过程中的死亡率。进一步的研究发现，存在政治关联公司的员工死亡事件更少地被媒体报道；同时，有政治关联的企业因污染而被处罚的频率也更低。而当官员晋升和所辖地区的员工安全水平挂钩后，公司政治关联的作用不再显著。

需要强调的是，“政企合谋”与“寻租”和“腐败”并不是完全相同的概念。“寻租”和“腐败”属于“政企合谋”的途径和手段，是指企业或者管理人员向官员行贿以获取更为有利的市场机会。但是，“政企合谋”并不仅限于此。比如，为了提振当地的经济发展水平，以便在晋升中获得青睐，个别地方政府官员会放任企业破坏监管的行为，比如不遵守环境保护的相关规定。在这种情况下，地方政府官员并没有直接获得经济利益，也未触及现行法律和法规，因此并不属于“寻租”或者“腐败”；但是，以放松监管来获得经济发展优势，进而获得晋升资本，显然属于“政企合谋”行为。

2.4.4 分权下的中国政府环境监管

在分权的体制下，负责环境监管的地方政府可能会与被监管对象合谋，从而影响环境治理效果。但是，地方政府对环境问题的重视，能够显著增加环境治理的投入，从而改善环境治理的效果。

梁平汉和高楠（2014）利用市级官员变动的数据，考察了地方政府和企业之间的合谋行为对环境污染的影响。由于中国地域广阔，经济总量较大，省级经济和人口与中等国家相当，省级官员与企业之间的距离较远。因此，选择市级官员而非省级官员作为考察对象，能够更好地观察地方政府官员与污染企业的合谋行为。在环境污染问题上，地方政府官员的任职时间直接影响其与企业合谋的程度：地方政府官员任职时间越长，政企合谋的程度越深，地方污染的情况越严重。而新任的官员能够打破政企合谋，因此在初期能够降低污染程度。但是，随着时间的推移，在法治环境不健全的地区，新任官员又会被企业“俘获”，从而形成新的政企合谋，带来更为严重的污染。对污染行为，采用水污染超标而被处罚的公司数量来进行度量。对法治环境，选择土地违法数量作为地方法治环境的度量标准。文章利用市级官员的变动证明了政府监管和企业合谋对环境污染的影响。

郭峰和石庆玲（2017）研究发现，地区长官更替会形成政治敏感期，从而破坏原有的政企联盟，形成短期内的环境绩效改善。官员更替可能产生的影响机制有：官员更替导致政策产生不确定性，从而影响企业的生产行为；官员更替导致企业策略性调整业绩，以更好地配合官员需要；官员更替打破了原来的关系网，减少了合谋行为。其采用市委书记更替作为研究切入点，考察了变更前后的空气质量情况，发现虽然整体的空气质量没有显著变化，但是CO和SO_2等与政府合谋相关程度较高的污染物排放水平出现显著下降。其进一步的研究考察了市委书记变更的原因、接任者的情况等因素产生的影响，都表明了政府官员的变更对空气质量产生了短期的显著影响。

前述研究仅从政府角度考虑了合谋可能对环境治理的影响。席鹏辉（2017）则从被监管对象的特征入手，考察了地方政府是否针对当地纳税大户实施较弱的环境监管。由于财源的建设和维护是地方政府财政激励的基本体现，纳税大户是重要保护对象，这些纳税大户可能在地方环境治理中拥有着强大的议价能力，从而获得地方政府的优待。实证结果表明，纳税大户能够减弱环境规制的效果，这意味着纳税大户能够一定程度地豁免于环境规制。进一步的分析发现，在财政激励较弱和环境偏好较强的地区，纳税大户的污染效应明显减弱。

也有研究考察了地方政府官员可能对环境保护产生的正面作用。比如，王芳等（2019）考察了官员实地考察对环境保护治理的影响。虽然地方官员对下级地方的经济考察会降低地方政府的环境支出及比重，但是地方官员的环境视察能够提高地方环保支出水平。这也证明，在财政分权的情况下，通过政府内部自上而下的行政方式，能够有效提升环境保护的效果。

2.5 其他政府政策与环境治理

除了监管之外，其他政府政策，比如经济政策和立法，也影响着环境治理效果。需要指出的是，从严格意义来看，立法工作并不被视为政府政策的组成部分；但是，从实际情况来看，中国立法行为主要是由政府推动的，并反映政府的政策取向，因此本书将其视为政府政策的实现手段。

2.5.1 经济政策与环境治理

在经济政策方面，政府可以使用排污费、环境税、政府补贴和产业政策等经济手段调节环境治理效果。

叶金珍和安虎森（2017）利用跨国数据考察了环境税对环境污染的治理效应。基于55个国家1994—2014年的数据分析发现，在不同的国家中，环境税的环境治理效果存在差异：在PM2.5浓度、NO排量和NO_2浓度都特别高的国家，开征碳税将显著改善空气质量；在空气质量较差的国家，提高汽车运输环境税反而不利于污染物减排。

在环境税方面，范庆泉开展了一系列理论研究，探讨最优的环境税政策。范庆泉和张同斌（2018）构建了包括企业治污资本投入、政府实施环境税和减排补贴两种环境规制政策的理论模型。根据模型的均衡解，渐进递增的动态环境税和渐进递减的动态减排补贴率的政策组合，提高了企业的污染减排动机，有效控制了环境污染累积水平，实现了福利最大化目标。相比而言，仅实施环境税政策对企业污染减排动机的激励不足，环境污染无法得到有效控制，将会产生倒U形的污染累积路径，并造成较高的生产效率损失和社会福利损失。范庆泉等（2016）构建了包含动态环境税、污染累积与经济增长的理论模型，研究发现，渐进递增的动态环境税政策通过对能源过度使用的纠正，不但体现了促进经济增长与降低污染水平的双重红利，而且实现了福利最大化的目标。与之相对，不征收环境税时，能源过度消耗不能得到有效抑制，环境污染产生了较高的生产效率损失与社会福利损失。严格环境税政策对经济增长依赖能源的行为则存在“矫枉过正”，进而出现消费过度的问题，由于投资不足迅速造成产出增长乏力，并使得社会福利长期处于较低水平。范庆泉（2018）在新古典理论的鞍点路径上，构建了包括清洁品、污染品及能源生产三个部门的理论模型，加入政府治污投入外部效应的污染治理机制，设计动态环境税及政府补偿率的优化政策组合，研究环境规制政策所导致的生态保护者与环境受益者收入分配失衡问题。研究发现，渐进递增的环境税及政府补偿率的环境政策组合，实现了经济持续增长、环境质量提升和收入分配格局改善的三重红利。

Wang and Wheeler（2003）和Wang and Wheeler（2005）都发现，在地方政府和中央政府的互动作用下，通过征收排污费的方法，能够显著降低污染物的排放水平。齐绍洲等（2018）考察了污染权排放市场对环保科技创新所产生的影响。排污权交易市场的作用机制在于，排污权的出售能够产生收益，而排污权购买则会产生成本。排污权市场通过价格信号对污染行为进行调节，当收益减少、成本增加时，利润下降；当边际成本等于边际利润时，企业可以选择停产、搬迁或就地绿色创新，从而控制该区域的污染物排放总量并促使污染企业绿色转型。企业如果选择停产或搬迁，相当于退出当地市场，那么之前的厂房建设与维护、当地市场开拓、客户群维系等成本将变为沉没成本，重新选址过程中将会面临各种新的投入成本，且新址也存在即将被纳入排污权交易试点的可能。如果上述成本过大，企业会选择就地绿色创新。文章采用三重差分考察污染权交易市场对绿色科技创新所产生的影响。结果表明，在排污权交易市场设置后，污染企业的绿色科技创新数量显著增加。但是，相对于非国有企业，国有企业的科技创新水平显著更低。胡珺等（2020）利用污染权排放市场作为外生冲击，考察了市场化的环境治理方法对技术创新产生的影响。文章主要假设为：污染权排放市场能够促进污染行业进行创新；排放市场的流动性越高，对创新的促进效果越强；污染企业的转嫁能力越强，则创新动力越差。李青原和肖泽华（2020）从微观层面考察了“排污费”和“财政补贴”对重污染企业的创新行为所产生的影响。环境规制对企业的影响可能存在“倒逼”效应，促使企业提升科技创新，从而应对增加的成本；环境规制也可能挤占企业资源，降低企业的业绩。文章发现，“排污费”的收取会显著推动公司的绿色创新行为，而财政补贴则不会产生相应的效果。

王兵等（2017）利用2007年东莞市启动7个环保专业基地政策作为自然实验，采用双重差分全面系统地评估了环保专业基地对企业环境绩效的影响。研究发现，环保专业基地政策提高了基地内企业环境绩效，同时也促进了周边企业相应环境绩效的提升。王兵和聂欣（2016）利用开发区的设立考察了产业聚集对环境污染的影响。研究表明，设立开发区后周边河流水质出现了明显恶化，生化需氧量和氨氮污染物指标显著上升。进一步的研究发现，排放污染物的企业在设立开发区后出现了明显的规模扩张，而新进入的企业是导致上述扩张的重要原因。张可和豆建民（2015）考察了城市聚集对环境污染的影响，利用287个地级及以上城市的数据发现了聚集水平对环境污染存在临界点，并因不同的污染物而存在差异：集聚对二氧化硫的影响作用呈倒U形，集聚对工业废水、工业粉尘的作用呈S形。集聚水平小于0.2时，集聚促进了二氧化硫的排放；集聚水平超过0.34后，集聚对二氧化硫的排放产生抑制作用。集聚水平小于0.18时，集聚抑制了工业废水和工业粉尘的排放；集聚水平超过0.18后，集聚明显促进了工业废水和工业粉尘的排放。

2.5.2　立法手段与环境治理

从立法内容上来看，经济学主流观点认为法律条文本身并不会发挥作用，只有借助于有效的实施机制才能真正发挥作用。但是，李树和陈刚（2013）反驳了认为中国的书面法律对环境保护并不重要的观点。他们利用2000年对《中华人民共和国大气污染防治法》的修订作为自然实验，采用双重差分方法评估了该项法律的修订对中国工业行业全要素生产率增长的影响。研究发现，该项法律的修订显著提高了空气污染密集型工业行业的全要素生产率，且其边际效应随着时间的推移呈递增趋势。实证结果发现，实施严格且适宜的环境管制可能会使中国经济赢得提高环境质量和生产率增长的“双赢”结果。张琦等（2019）则证明，法律条文的效果取决于具体的环境，利用《环境空气质量标准（2012）》的实施为准自然实验，采用双重差分的方法，考察了公司高级管理人员的任职经历对环境保护政策执行效果的影响。研究发现，新标准实施前，高管具有公职经历的企业的环保投资规模显著低于其他企业。而新标准实施后，高管具有公职经历的企业的环保投资提升程度则显著高于其他企业。在财政环保支出较低和政府干预较强的地区，以及国有企业和高管的“先天”公职经历企业样本中，官员动机增强对高管具有公职经历企业的环保投资提升效果更强。

与中央立法不同，地方政府的立法行为能够反映地方政府官员对环境保护的态度。更为重要的是，地方政府的立法行为和执法行为并不存在分离的情况，这将增强环境保护法律的实际效果。比如，李蕾蕾和盛丹（2018）利用1998—2007年的数据采用双重差分法考察环境立法对行业资源配置的影响。实证结果表明，地方环境立法有助于实现行业资源的优化配置：一方面，环境立法通过提高企业平均生产率而优化企业内部资源配置；另一方面，环境立法通过抑制低生产率企业进入和促进低生产率企业退出而达到优化企业之间资源配置的作用。盛丹和李蕾蕾（2018）采用1998—2007年的数据采用双重差分法考察了地区环境立法对企业出口的影响。研究发现，一般性环境立法对企业出口决策没有显著影响，但有利于增加企业出口数量。其中，水和大气污染立法均对企业出口决策产生负向作用，但促进了企业出口数量增加；固体废弃物污染立法对企业出口决策和出口数量均产生负向作用。行业污染密集度越高，环境立法对企业出口决策的负向作用越大，对出口数量的正向作用越强。

2.6 小结

现有文献基本确认了环境污染和经济发展之间的关联性，虽然对两者之间是否存在倒U形关系以及何时出现拐点存在不同的观点，但是现有研究总体上确认两者之间相互影响，并且经济发展达到一定水平后，环境污染问题会得到更多的关注和重视。财政分权下的地方政府保护主义是导致中国环境污染问题持续恶化的重要因素。有趣的是，在中国经济发展问题中，大量的研究强调强有力的中央政府是中国财政分权能够促进经济发展的关键。但是，在环境污染问题中，现有研究却只强调财政分权而忽略了中央政府的权威和约束力。特别是，在财政分权下的政府监管话题中，合谋问题备受关注，却缺少对中央政府角色的考察。

第3章

环保监管的制度背景

3.1 我国环保政策的历史演进

中华人民共和国成立后的环境保护事业可以追溯至1972年的“斯德哥尔摩会议”（张晓，1999）。1972年6月5日至16日，113个国家的1 300名代表在瑞典首都斯德哥尔摩召开了联合国人类环境大会。这是人类历史上第一次在全世界范围内研究保护人类环境的会议。这次会议通过了著名的《人类环境宣言》，为环境保护事业的发展奠定了基础。中国派出了以唐克为团长的代表团。中国代表团积极参与了上述宣言的起草工作，并在会上提出了经周恩来总理审定的中国政府关于环境保护的32字方针：“全面规划，合理布局，综合利用，化害为利，依靠群众，大家动手，保护环境，造福人民。”（曲格平、彭近新，2010）

受制于经济发展阶段和对环境保护的认知水平，在1949年中华人民共和国成立之后至1972年“斯德哥尔摩会议”期间，我国并未建立起真正的环保政策。在此期间，环保政策主要是针对当时物质匮乏、环境污染威胁到人的生存时的本能反应，并不是有目的地解决环境污染问题（刘建伟，2011）。

关于我国环保政策的历史分期，存在诸多不同的观点。但是，从整体来看，环保政策的变化与经济发展阶段同步。因此，按照我国经济发展的不同阶段，我国的环境保护政策可以被划分为四个阶段（曲格平，2013；王金南等，2019）。

3.1.1 环境保护政策起步阶段（1972—1978年）

1973年8月5日—1973年8月20日，第一次全国环境保护会议在北京召开。会议讨论通过了《关于保护和改善环境的若干规定（试行草案）》，制定了《关于加强全国环境监测工作意见》和《自然保护区暂行条例》。这次会议的重要意义有4个方面：第一，在这次会议上，首次承认存在着比较严重的环境问题，需要认真治理。第二，这次会议是新中国开创环境保护事业的第一个里程碑，标志着环境保护在中国开始列入各级政府的职能范围。第三，会议期间制定的环境保护方针、政策和措施，为开创中国的环境保护事业指明了方向，抓住了重点，确定了目标和任务。第四，会议之后，从中央到地方及有关部门，都相继建立了环境保护机构，并着手对一些污染严重的工业企业、城市和江河进行初步治理，中国的环境保护工作开始起步。

3.1.2 环境保护制度建立阶段（1979—1992年）

伴随着开始于1978年的改革开放，我国经济进入高速增长阶段。与之相伴，环境保护问题也日益突出。1979年9月13日，我国第一部环境法律——《中华人民共和国环境保护法（试行）》颁布，标志着我国环境保护开始步入依法管理的轨道。与经济发达国家相比，我国环境保护专项立法在时间上并不落后。1982年，《中华人民共和国宪法》明确将环境保护条款纳入其中，为我国环境保护的法治进程奠定了基础。此后，《中华人民共和国环境保护法》（1989）、《中华人民共和国水污染防治法》（1984）、《中华人民共和国海洋环境保护法》（1982）和《中华人民共和国大气污染防治法》（1987）等一系列环保法律相继颁布实施。

除了法律之外，政府也于同期开始着手环保制度的建设。1983年12月31日—1984年1月7日，第二次全国环境保护会议在北京召开。本次会议将环境保护确立为基本国策，并制定了经济建设、城乡建设和环境建设同步规划、同步实施、同步发展，实现经济效益、社会效益、环境效益相统一的指导方针。

1989年4月28日—5月1日，第三次全国环境保护会议在北京召开。会议通过了两份重要文件和两个指导性的工作目标。两份文件是：《1989—1992年环境保护目标和任务》和《全国2000年环境保护规划纲要》。会议形成了“三大环境政策”，即环境管理要坚持预防为主、谁污染谁治理、强化环境管理三项政策。“预防为主”的指导思想是指在国家的环境管理中，通过计划、规划及各种管理手段，采取防范性措施，防止环境问题的发生；“谁污染谁治理”原则是指对环境造成污染危害的单位或者个人有责任对其污染源和被污染的环境进行治理，并承担治理费用；“强化环境管理”的主要措施包括：制定法规，使各行各业有所遵循，建立环境管理机构，加强监督管理。此外，会议认真总结了实施建设项目环境影响评价、“三同时”、排污收费等3项环境管理制度的成功经验，同时提出了“目标责任”、“城市环境综合整治”、“限期治理”、“集中控制”和“排污登记与许可证”等5项新的制度和措施，形成了我国环境管理的“八项制度”。“八项制度”集中反映了计划经济体制下环境管理的经验（林峰艺，2009）。

3.1.3 环境保护规模治理阶段（1993—2000年）

1992年邓小平南方谈话后，中国经济增长速度大幅提升。其间，各项基础建设投资纷纷上马，在推动经济高速增长的同时，也对环境产生了严重的负面影响，环境事故频发。为了应对日益严峻的环境问题，我国政府开始提升环境保护的治理规模，跨省域的环保政策开始出现。1994年6月，国家环境保护局、水利部和河南、安徽、江苏、山东沿淮四省共同颁布《关于淮河流域防止河道突发性污染事故的决定（试行）》，这是我国首个跨省域的大江大河水污染预防制度。1995年8月，国务院签发了我国历史上第一部流域性法规——《淮河流域水污染防治暂行条例》。

“九五”期间，我国确定了污染治理工作的重点——集中力量解决危及人民生活、危害身体健康、严重影响景观、制约经济社会发展的环境问题，其中主要注重河流的治理以及大气主要污染物的控制，同时对主要城市污染进行控制，即“33211”：3条河（淮河、辽河、海河），3座湖（太湖、滇池、巢湖），2种大气污染物（二氧化硫和酸雨），1个城市（北京市），1个海洋（渤海）。1998年我国政府批准划定了酸雨控制区和二氧化硫控制区，共涉及27个省（自治区、直辖市）。

3.1.4 环境保护综合治理阶段（2001—2012年）

自2001年起，我国经济增长速度进一步提升，环境问题也更加突出。政府开始更多采用经济手段对环境问题进行治理。第五次全国环境保护会议于2002年1月8日在北京召开，会议提出了环境保护是政府的一项重要职能，要按照社会主义市场经济的要求，动员全社会的力量做好这项工作。

在税收方面，环保项目在投入之后自第一年的盈利所属纳税年度起到第三年，免除所得税，第四年到第六年所得税减半。在环保工程中所应用到的各类设备可以在企业应纳税额中将设备投资额的10%加以扣除，如当年资金不足，可以在之后的五年时间内结转抵免。在《资源综合利用产品和劳务增值税优惠目录》中，纳税人销售自产的资源综合利用产品和提供资源综合利用劳务，可享受增值税即征即退政策。

在金融方面，2007年7月，环保总局、人民银行、银监会联合发布了《关于落实环保政策法规防范信贷风险的意见》，加强建设项目和企业的环境监管与信贷管理。要依照环保法律法规的要求，严格新建项目的环境监管和信贷管理。金融机构应依据国家建设项目环境保护管理规定和环保部门通报情况，严格贷款审批、发放和监督管理，对未通过环评审批或者环保设施验收的项目，不得新增任何形式的信贷支持。

此外，在环保设施建设方面，政府通过推广特许经营制度打破国有事业单位的垄断地位，吸引民营资本进入供水、供热和垃圾处理等公用事业领域。

3.1.5 全面建设生态文明阶段（2013年—今）

党的十八大以来，以习近平同志为核心的党中央将生态文明提升至与经济建设、政治建设、文化建设和社会建设同等重要的地位。我国环境保护政策也实现了全方位的提升，进入到“全面建设生态文明”的新阶段。

2013年11月，党的十八届三中全会审议通过的《中共中央关于全面深化改革若干重大问题的决定》指出：“紧紧围绕建设美丽中国深化生态文明体制改革，加快建立生态文明制度。”这是党中央首次提出“生态文明体制”概念并将其纳入全面深化改革的目标体系，标志着我国生态文明体制改革的全面展开。2015年，中共中央、国务院出台《生态文明体制改革总体方案》，提出健全自然资源资产产权制度、建立国土空间开发保护制度、建立空间规划体系、完善资源总量管理和全面节约制度、健全资源有偿使用和生态补偿制度、建立健全环境治理体系、健全环境治理和生态保护市场体系、完善生态文明绩效评价考核和责任追究制度等系列制度。

2015年7月，中央全面深化改革领导小组第十四次会议审议通过《环境保护督察方案（试行）》、《生态环境监测网络建设方案》、《开展领导干部自然资源资产离任审计的试点方案》和《党政领导干部生态环境损害责任追究办法（试行）》。中共中央办公厅、国务院办公厅相继出台《编制自然资源资产负债表试点方案》和《生态环境损害赔偿制度改革试点方案》。这6项配套制度，与《生态文明体制改革总体方案》一起，共同构建了生态文明体制改革“1+6”方案的纲领性架构（肖鹏，2020）。

2018年3月11日，十三届全国人大一次会议第三次全体会议通过了《中华人民共和国宪法修正案》，将“生态文明”写入《中华人民共和国宪法》。2018年5月18日至5月19日，全国生态环境保护大会在北京召开。中共中央总书记、国家主席、中央军委主席习近平出席会议并发表重要讲话强调，要自觉把经济社会发展同生态文明建设统筹起来，充分发挥党的领导和我国社会主义制度能够集中力量办大事的政治优势，充分利用改革开放40年来积累的坚实物质基础，加大力度推进生态文明建设、解决生态环境问题，坚决打好污染防治攻坚战，推动我国生态文明建设迈上新台阶。

在法律制度方面，2014年4月，十二届全国人大常委会第八次会议修订通过《中华人民共和国环境保护法》，新增了诸如“按日计罚”、“查封扣押”、“环评区域限批”、“环境行政拘留”和“限产停产”等强制措施。

同期，我国制定《中华人民共和国环境保护税法》、首部专门规范防治土壤污染的《中华人民共和国土壤污染防治法》，修订《中华人民共和国大气污染防治法》、《中华人民共和国海洋环境保护法》和《中华人民共和国水污染防治法》等配套法律。

在行政体制方面，建立并实施中央环境保护督察制度，以中央名义对地方党委、政府进行督察。依据《关于省以下环保机构监测监察执法垂直管理制度改革试点工作的指导意见》，将省级以下环保机构监测监察执法制度调整为垂直管理。

3.2 我国环境保护监管机构的历史演进

1974年10月，国务院环境保护领导小组正式成立。这也是我国首次在政府内部设置环境保护机构。国务院环境保护小组的主要职责是：负责制定环境保护的方针、政策和规定，审定全国环境保护规划，组织协调和督促检查各地区、各部门的环境保护工作。

1982年5月，五届全国人大常委会第二十三次会议决定，将国家建委、国家城建总局、建工总局、国家测绘局、国务院环境保护领导小组办公室合并，组建城乡建设环境保护部，部内设环境保护局。

1984年5月，国务院环境保护委员会成立，其任务是：研究审定有关环境保护的方针、政策，提出规划要求，领导和组织协调全国的环境保护工作。委员会主任由副总理兼任，办事机构设在城乡建设环境保护部（由环境保护局代行）。

1984年12月，城乡建设环境保护部环境保护局改为国家环境保护局，仍归城乡建设环境保护部领导，同时也是国务院环境保护委员会的办事机构，主要任务是负责全国环境保护的规划、协调、监督和指导工作。

1988年7月，环保工作从城乡建设部分离出来，成立独立的国家环境保护局（副部级），明确为国务院综合管理环境保护的职能部门，作为国务院直属机构。

1998年6月，国家环境保护局升格为国家环境保护总局（正部级），是国务院主管环境保护工作的直属机构。同时，国务院环境保护委员会撤销。

2008年7月，国家环境保护总局升格为环境保护部，成为国务院组成部门。

2018年3月13日，十三届全国人大一次会议在北京人民大会堂举行第四次全体会议，决定组建生态环境部，不再保留环境保护部。将环境保护部的职责，国家发展和改革委员会的应对气候变化和减排职责，国土资源部的监督防止地下水污染职责，水利部的编制水功能区划、排污口设置管理、流域水环境保护职责，农业部的监督指导农业面源污染治理职责，国家海洋局的海洋环境保护职责，国务院南水北调工程建设委员会办公室的南水北调工程项目区环境保护职责整合，组建生态环境部，作为国务院组成部门。生态环境部对外保留国家核安全局牌子。

2018年4月16日，生态环境部正式挂牌。生态环境部的职责包括：

（1）负责建立健全生态环境基本制度。会同有关部门拟订国家生态环境政策、规划并组织实施，起草法律法规草案，制定部门规章。会同有关部门编制并监督实施重点区域、流域、海域、饮用水水源地生态环境规划和水功能区划，组织拟订生态环境标准，制定生态环境基准和技术规范。

（2）负责重大生态环境问题的统筹协调和监督管理。牵头协调重特大环境污染事故和生态破坏事件的调查处理，指导协调地方政府对重特大突发生态环境事件的应急、预警工作，牵头指导实施生态环境损害赔偿制度，协调解决有关跨区域环境污染纠纷，统筹协调国家重点区域、流域、海域生态环境保护工作。

（3）负责监督管理国家减排目标的落实。组织制定陆地和海洋各类污染物排放总量控制、排污许可证制度并监督实施，确定大气、水、海洋等纳污能力，提出实施总量控制的污染物名称和控制指标，监督检查各地污染物减排任务完成情况，实施生态环境保护目标责任制。

（4）负责提出生态环境领域固定资产投资规模和方向、国家财政性资金安排的意见，按国务院规定权限审批、核准国家规划内和年度计划规模内固定资产投资项目，配合有关部门做好组织实施和监督工作。参与指导推动循环经济和生态环保产业发展。

（5）负责环境污染防治的监督管理。制定大气、水、海洋、土壤、噪声、光、恶臭、固体废物、化学品、机动车等的污染防治管理制度并监督实施。会同有关部门监督管理饮用水水源地生态环境保护工作，组织指导城乡生态环境综合整治工作，监督指导农业面源污染治理工作。监督指导区域大气环境保护工作，组织实施区域大气污染联防联控协作机制。

（6）指导协调和监督生态保护修复工作。组织编制生态保护规划，监督对生态环境有影响的自然资源开发利用活动、重要生态环境建设和生态破坏恢复工作。组织制定各类自然保护地生态环境监管制度并监督执法。监督野生动植物保护、湿地生态环境保护、荒漠化防治等工作。指导协调和监督农村生态环境保护，监督生物技术环境安全，牵头生物物种（含遗传资源）工作，组织协调生物多样性保护工作，参与生态保护补偿工作。

（7）负责核与辐射安全的监督管理。拟订有关政策、规划、标准，牵头负责核安全工作协调机制有关工作，参与核事故应急处理，负责辐射环境事故应急处理工作。监督管理核设施和放射源安全，监督管理核设施、核技术应用、电磁辐射、伴有放射性矿产资源开发利用中的污染防治。对核材料管制和民用核安全设备设计、制造、安装及无损检验活动实施监督管理。

（8）负责生态环境准入的监督管理。受国务院委托对重大经济和技术政策、发展规划以及重大经济开发计划进行环境影响评价。按国家规定审批或审查重大开发建设区域、规划、项目环境影响评价文件。拟订并组织实施生态环境准入清单。

（9）负责生态环境监测工作。制定生态环境监测制度和规范、拟订相关标准并监督实施。会同有关部门统一规划生态环境质量监测站点设置，组织实施生态环境质量监测、污染源监督性监测、温室气体减排监测、应急监测。组织对生态环境质量状况进行调查评价、预警预测，组织建设和管理国家生态环境监测网和全国生态环境信息网。建立和实行生态环境质量公告制度，统一发布国家生态环境综合性报告和重大生态环境信息。

（10）负责应对气候变化工作。组织拟订应对气候变化及温室气体减排重大战略、规划和政策。与有关部门共同牵头组织参加气候变化国际谈判。负责国家履行联合国气候变化框架公约相关工作。

（11）组织开展中央生态环境保护督察。建立健全生态环境保护督察制度，组织协调中央生态环境保护督察工作，根据授权对各地区各有关部门贯彻落实中央生态环境保护决策部署情况进行督察问责。指导地方开展生态环境保护督察工作。

（12）统一负责生态环境监督执法。组织开展全国生态环境保护执法检查活动。查处重大生态环境违法问题。指导全国生态环境保护综合执法队伍建设和业务工作。

（13）组织指导和协调生态环境宣传教育工作，制定并组织实施生态环境保护宣传教育纲要，推动社会组织和公众参与生态环境保护。开展生态环境科技工作，组织生态环境重大科学研究和技术工程示范，推动生态环境技术管理体系建设。

（14）开展生态环境国际合作交流，研究提出国际生态环境合作中有关问题的建议，组织协调有关生态环境国际条约的履约工作，参与处理涉外生态环境事务，参与全球陆地和海洋生态环境治理相关工作。

（15）完成党中央、国务院交办的其他任务。

（16）职能转变。生态环境部要统一行使生态和城乡各类污染排放监管与行政执法职责，切实履行监管责任，全面落实大气、水、土壤污染防治行动计划，大幅减少进口固体废物种类和数量直至全面禁止洋垃圾入境。构建政府为主导、企业为主体、社会组织和公众共同参与的生态环境治理体系，实行最严格的生态环境保护制度，严守生态保护红线和环境质量底线，坚决打好污染防治攻坚战，保障国家生态安全，建设美丽中国。

值得注意的是，生态环境部的职能并不是以泛指的“完成党中央、国务院交办的其他任务”作为结尾。相反，在诸多职能中，生态环境部的执法和督察职能受到格外重视，并在全面列举各项职能之后，再次强调职能转变。

3.3 我国环保监管督察制度

2015年7月1日，中央全面深化改革领导小组第十四次会议通过了《环境保护督察方案（试行）》，中央环保督察制度正式在我国建立。在此之前，环保督察在我国先后经历了“环保监察稽查”和“地方环保督察”两个不同阶段。除了环保督察之外，我国环境保护行政管理体制还设置有环保监察稽查体制。

3.3.1 区域环保督查阶段

根据1989年《中华人民共和国环境保护法》第七条的规定，各级环境保护行政主管部门对所辖区域内的环境保护工作实施统一监督管理。基于此法律授权，各级环保部门成立了专门机构负责环境执法与监督检查，并在2002年统一更名为“环境监察机构”，根据不同级别分别设置为环境监察局、省级环境监察总队（分局）、地市级环境监察支队、县级环境监察大队，构成了我国环境监管执法的主要力量。鉴于当时国内区域性、流域性环境问题日益增多，且当时环保管理体制在处理跨流域、跨省环境纠纷等问题时较为困难，时任国家环境保护总局局长的解振华提出，打破原有行政区域的环保管理划分，按自然区域或流域原则成立全新的跨区域环保管理体制，并在上下级环境主管机关之间实行垂直管理。然而，在当时情势下，环保垂直管理并不能一蹴而就。一个折中或渐进的办法，即“放权地方环境执法机构，加强中央监管”模式得到了认可，后者即是通过组建跨区域环保督察来“变通”行使垂直监督职能。由于区域环保督察与地方政府的政策取向存在矛盾，原本构想的全国区域督查中心减少至2个，仅放在当时经济发展最热的华东、华南地区试点（王刚，2006）。2005年底，国务院发布《关于落实科学发展观，加强环境保护的决定》，其中专门强调“健全区域环境督查派出机构，协调跨省域环境保护，督促检查突出的环境问题”，进一步推动建立区域环保督查机制。2006年，西北、西南、东北环境保护督查中心相继成立。

2008年12月，华北环境保护督查中心成立，按照行政区划层层设置的环境监察机构和按照地理区划设置的六大区域督查中心（表3-1）共同构成了我国环境监管体系。

表3-1　　区域环境保护督查中心概况

环境保护督查中心	驻地	覆盖区域	成立日期
华南	广州	湖北、湖南、广东、广西、海南	2002-06-11
华东	南京	上海、江苏、浙江、安徽、福建、江西、山东	2002-06-11
西北	西安	陕西、甘肃、青海、宁夏、新疆	2006-10-25
西南	成都	重庆、四川、贵州、云南、西藏	2006-12-05
东北	沈阳	辽宁、吉林、黑龙江	2006-12-22
华北	北京	北京、天津、河北、山西、内蒙古、河南	2008-12-17

从部门职责看，根据环保部2008年成立时的“三定方案”，环境监察局的主要职责是“监督环境保护规划、政策、法规、标准的执行”“协调解决跨区域的环境纠纷”，华北、华东、华南、西南、西北、东北区域环境督查中心的职责是“承担所辖区域内的环境保护督查工作”。就部门定位而言，环境监察机构是代表环保部门直接行使监督检查权力的机构，而六大区域性环保督查中心是环保部的派出机构，受环保部委托行使相应的监督权力，特别是环境政策法规在地方的落实情况。从监督对象看，尽管从理论上说，对环境保护政策法规执行情况的监督包括地方人民政府和排污单位（企业），但从运作实践看，长期以来我国的环境监管过度强调企业的责任，忽视了政府在环境保护上的主体责任，因此被公认为是以“督企”“查事”为核心的环境监管体系，即在区域环保中心设立之初，我国环保督察的重点是检查、督促污染企业遵守环保政策法规、改正环境违法行为，并通过“挂牌督办”等方式不断强化监督强度和督察效力（陈海嵩，2017）。

2014年12月，环保部印发《综合督查工作暂行办法》（环发〔2014〕113号），明确指出环境监管执法从单纯的监督企业转向监督企业和监督政府并重，突出政府对环境质量的主体责任，在全国全面开展以“督政”为核心的环保综合督查。根据环保部发布的2015年《全国环境监察工作要点》，省级环保部门每年应当对所辖地级市的30%开展环保综合督查。同时，环保部扩大了原环保约谈制度的适用范围，制定并发布《环境保护部约谈暂行办法》（环发〔2014〕67号），明确对环境保护工作不力、环境质量恶化的地方政府进行公开约谈，将约谈作为监督地方政府履行环保职责的主要措施之一。袁道凌（2015）指出，环保部从2014年开始全面开展的环保综合督查具有4个特点：一是督查对象的综合性，从排污单位转为对政府、相关职能部门和排污单位的综合督查；二是内容的综合性，包括政策实施情况的督查、政府履职情况的督查、企业守法情况的督查等；三是手段的综合性，综合运用多种措施开展督查工作；四是目的的综合性，不局限于解决单一的环境问题，而是推动政府决策中更为重视环境保护工作，全面推进生态文明建设。

2017年11月23日，环保部新闻发布会宣布，中央编办批复将环保部华北、华东、华南、西北、西南、东北环境保护督查中心由事业单位转为环保部派出行政机构，并分别更名为环保部华北、华东、华南、西北、西南、东北督察局。

3.3.2 中央环保督察阶段

2015年7月，中央深改组第十四次会议审议通过了《环境保护督察方案（试行）》，随后以中共中央办公厅、国务院办公厅的名义印发（厅字〔2015〕21号），将原先的“环保督查”进一步发展为“环保督察”，以党中央、国务院的名义赋予环保督察以更高的权威与“刚性”，强调环境保护工作的“党政同责”“一岗双责”，将地方党委与政府的环保责任作为重点监督范围，是我国环保督察制度暨“督政”转型后的又一次制度变革，使其成为新时期我国环境管理转型与制度建设的一个重要核心内容。

中央实行生态环境保护督察制度，设立专职督察机构，对省、自治区、直辖市党委和政府、国务院有关部门以及有关中央企业等组织开展生态环境保护督察。中央生态环境保护督察包括例行督察、专项督察和“回头看”等。原则上在每届党的中央委员会任期内，应当对各省、自治区、直辖市党委和政府，国务院有关部门以及有关中央企业开展例行督察，并根据需要对督察整改情况实施“回头看”，针对突出生态环境问题，视情组织开展专项督察。

设立中央生态环境保护督察工作领导小组，领导小组组长、副组长由党中央、国务院研究确定，组成部门包括党中央办公厅、组织部、宣传部、国务院办公厅、司法部、生态环境部、审计署和最高人民检察院等。中央生态环境保护督察组实行组长负责制，副组长协助组长开展工作。组长由现职或者近期退出领导岗位的省部级领导同志担任，副组长由生态环境部现职部领导担任。另外，建立组长人选库，由中央组织部商生态环境部管理。组长、副组长人选由中央组织部履行审核程序。2016年，环保部正式成立国家环境保护督察办公室，作为内设机构负责中央环保督察日常工作。

中央环保督察的核心内容是贯彻落实国家环境保护决策部署，即解决中央政策落地的问题。督察以派驻督察组的形式对省级党委、政府及有关部门开展督察工作，并下沉至部分地市级党委、政府。按照督察制度的设计，中央环保督察主要包含“督察准备—督察进驻—形成报告—督察反馈—移交问题—整改落实”6个环节。督察组进驻时间为1个月左右，在进驻期间，督察组的工作方式包括听取汇报、调阅资料、走访询问、个别谈话、受理举报、现场抽查等。进驻结束后，各省份整改方案要求在30天内上报国务院，6个月内报送整改情况，并同步向社会公开（郭施宏，2019）。

从实践情况看，2016年1月4日，首个中央环境保护督察组即进驻河北省开展督察试点工作，包括河北省委书记、省长在内的29名省部级领导干部被约谈，代表着中央环保督察制度的“强力”实施。2016—2017年中央环保督察完成了覆盖全国31个省份的督察工作。表3-2列示了首轮中央环保督察进驻各省份的起止时间。第一轮督察反馈结束后，经党中央、国务院批准，2018年5月、10月，中央生态环保督察组又分两批对20个省份督察整改情况开展了“回头看”，并在2019年开始了第二轮中央生态环境保护督察（郭施宏，2019）。

表3-2　　首轮中央环保督察时间表

批次	进驻省份	起始日期	结束日期
试点	河北	2016年1月4日	2016年2月4日
第一批督察	宁夏	2016年7月12日	2016年8月12日
	江西	2016年7月14日	2016年8月14日
	内蒙古	2016年7月14日	2016年8月14日
	广西	2016年7月14日	2016年8月14日
	云南	2016年7月15日	2016年8月15日
	江苏	2016年7月15日	2016年8月15日
	河南	2016年7月16日	2016年8月16日
	黑龙江	2016年7月19日	2016年8月19日
第二批督察	重庆	2016年11月24日	2016年12月24日
	湖北	2016年11月26日	2016年12月26日
	广东	2016年11月28日	2016年12月28日
	上海	2016年11月28日	2016年12月28日
	陕西	2016年11月28日	2016年12月28日
	北京	2016年11月29日	2016年12月29日
	甘肃	2016年11月30日	2016年12月30日
第三批督察	湖南	2017年4月24日	2017年5月24日
	福建	2017年4月24日	2017年5月24日
	辽宁	2017年4月25日	2017年5月25日
	贵州	2017年4月26日	2017年5月26日
	安徽	2017年4月27日	2017年5月27日
	山西	2017年4月28日	2017年5月28日
	天津	2017年4月28日	2017年5月28日
第四批督察	四川	2017年8月7日	2017年9月7日
	青海	2017年8月8日	2017年9月8日
	山东	2017年8月10日	2017年9月10日
	海南	2017年8月10日	2017年9月10日
	吉林	2017年8月11日	2017年9月11日
	浙江	2017年8月11日	2017年9月11日
	新疆	2017年8月11日	2017年9月11日
	西藏	2017年8月15日	2017年9月15日

在首轮中央环保督察过程中，环保部党组于2017年8月23日印发《中央环境保护督察纪律规定（试行）》，对中央生态环境保护督察政治纪律和政治规矩、组织纪律、工作纪律、廉洁纪律、群众纪律和生活纪律提出了具体要求，对加强督察纪律建设起到了重要作用。2019年5月，生态环境部党组对《中央环境保护督察纪律规定（试行）》进行了修订，并印发《中央生态环境保护督察纪律规定》。

2019年6月17日，中共中央办公厅、国务院办公厅印发了《中央生态环境保护督察工作规定》。与2015年7月通过的《环境保护督察方案（试行）》相比，《中央生态环境保护督察工作规定》强调督察工作要坚持和加强党的全面领导，突出和强调了纪律责任，丰富和完善了督察的顶层设计。

2019年7月10日，中央第七生态环境保护督察组对中国五矿集团有限公司开展生态环境保护督察工作的动员会在北京召开，这也标志着第二轮中央生态环境保护督察工作正式拉开序幕。与首轮中央生态环保督察不同，第二轮增加了对中央国有企业和国务院相关部门的督察。

3.3.3　环保监察稽查阶段

1996年7月15日—1996年7月17日，第四次全国环境保护会议在北京召开，会议提出了保护环境的实质就是保护生产力，要坚持污染防治和生态保护并举，全面推进环保工作。1996年8月3日，《国务院关于环境保护若干问题的决定》（国发〔1996〕31号文件）正式颁布，其中第八条“严格环保执法，强化环境监督管理”要求：“各级环境保护行政主管部门必须切实履行环境保护工作统一监督管理职能，加强环境监理执法队伍建设，严格环保执法，规范执法行为，完善执法程序，提高执法水平。”

为贯彻落实国务院相关要求，国家环保局印发了《关于印发环境监理工作制度和环境监理工作程序的通知》（环监〔1996〕888号）。在该文件中，第一次提到了“环境监理稽查”，将其定位在“检查下级政府及其职能部门贯彻环保法律、法规及规章情况；监督检查下级环境监理机构履行三查二调一收费监理职责情况”上。

在实践过程中，发现对“下级政府及其职能部门贯彻环保法律、法规及规章情况”的稽查实施起来存在一定的难度，1999年《关于进一步加强环境监理工作若干意见的通知》（环发〔1999〕141号）中将稽查的范围缩小到“国家环境保护总局和各省（自治区、直辖市）环境保护部门，对下级环境监理机构的行政执法情况进行监督、检查和处理”，同时将“环境监理稽查”更名为“环境稽查”。

随着环境监理机构名称的变更和职能的拓展，为进一步规范稽查工作，2004年3月，国家环保总局着手起草《环境监察工作稽查办法》，将稽查定位在“上级环境保护部门对下级环境保护部门及其工作人员在环境监察工作中依法履行职责、行使职权和遵守纪律情况进行的监督、检查”上。

为规范环境执法行为，提升执法水平，增强《环境监察工作稽查办法》的可操作性。2010年4月，环保部组织全国31个省、自治区、直辖市环保厅（局）和新疆生产建设兵团环保局，122个市级环境保护局和362个县级环境保护局开展了环境监察第一批稽查试点工作。为推进试点工作的深入开展，集中力量重点突破，试点工作期间，将稽查范围缩小到“在上级环境保护部门对下级环境保护部门的污染源现场监察工作和环境违法案件现场调查取证工作进行监督、检查”上。

稽查与督察都是由上级环境保护部门实施的行政行为。稽查与督察的区别体现在以下三个方面：一是对象不同。稽查的对象是下级环境保护部门中从事环境监察工作的机构和人员；督察的对象是下级环境保护部门监管范围内的行政相对人，主要包括向环境排放污染物的企事业单位、个体工商户和在建项目的建设单位。二是工作内容及目的不同。稽查是调查环境监察工作开展情况，环境监察人员履行职责、行使职权和遵守纪律的情况；督察是调查行政相对人遵守环境保护法律法规的情况。三是处理方式不同。稽查工作中对环境监察人员存在违规行为的，责令其限期改正，情节严重的予以通报批评或调离环境监察工作岗位；存在违法违纪行为的，按照人事管理权限移送给相应的纪检监察机关进行责任追究。督察工作中对存在环境违法行为的行政相对人交由当地环保部门依法进行处罚和处理。

3.4 小结

综上所述，在中央政府接管环境检查之前，环保部——2008年之前的名称为国家环境保护总局（SEPA）——负责环境监测和执法，并通过划分中国内地所有省份的6个区域环境保护督查中心（以下简称EICS）实施检查。[①]EICS的主要任务是承担中央政府环境保护政策的地方执行工作。然而，区域EICS领导人的政治级别使这项任务的完成变得艰巨。在中国的行政等级制度中，各省份的最高官员（无论是省委书记还是省长）的级别与部长相同。因此，环保部的区域EICS是由级别低于他们本应监督的省领导的代理人运营的。因此，这一体系导致了阻碍严格监管的行政干预（Tao and Zhu，2001；Fisman and Wang，2015）。

2015年7月1日，“全面深化改革中央领导小组第十四次会议”批准了《环境保护督察方案（试行）》。领导小组由习近平主席担任主席，李克强总理担任副主席，成员均为中国最高级别官员。鉴于领导小组的级别之高，必将在全国范围内产生广泛影响。

在中国政治制度的背景下，该方案指的是描述新执法制度政策的框架或文件，而不是关于实际检查活动将在何时何地进行的详细时间表。在方案批准时，没有透露与检查范围或检查过程有关的操作细节。

根据方案，检查是由中央政府进行的，由副总理负责，而不是由环保部负责。中央政府向不同省份派出督察组，由现任或新近退休的省级领导担任组长，与目标检查地区的领导具有相同或更高的行政级别。此外，中共中央纪律委员会，即反腐败政策的执行者，也参与了检查，从而加强了督察组的力度。方案规定，省委书记和省长共同负责地方环境保护工作。

2016年至2017年，共进行了4轮环保督察，覆盖中国内地所有省份。从表3-2可以看出，每轮内各省份的督察开始日期不同。中央官方通讯社新华社在每轮督察开始时披露了所有被检查的省份，但只提供了第一个省

① 6个区域环境保护督查中心分别是：华东中心、华南中心、西北中心、西南中心、东北中心和华北中心，总部分别设在南京、广州、西安、成都、沈阳和北京。

份的开始日期。根据官方报道，截至2017年12月，在环保督察中，1 527人被拘留，18 199名官员因违反环境法而被公开点名批评。虽然各省的督察开始日期各不相同，但督察周期始终为1个月。督察组随后将督察结果汇总为督察报告，并提交给党中央和国务院。在中央政府批准报告后，有关督察（罚款和刑事案件）的基本信息在短时间内向公众公布。以浙江省为例，环境督察从2017年8月11日持续到9月11日。2017年12月24日，反馈信息公之于众：几家单位被罚款金额达2.3亿元，立案侦查95件，拘留144人。在督察组向督察对象提供反馈后，被督察的省份一般在6个月内制订督察整改方案。

虽然督察已覆盖了所有内地省份，但督察的成效仍有待检验。鉴于上文讨论的经济和政治障碍，目前仍不清楚督察是否有效。

第4章
环境保护监管有效性与投资者市场反应

在介绍研究背景和进行文献回顾之后，本章将采用“事件研究法”（event study）考察投资者对“《环境保护督察方案（试行）》通过”和“首轮中央环保督察”两个事件的市场反应，从而探讨中央政府强化环境保护监管的有效性。中央政府通过出台新环保督察制度，即中央环保督察制度，强化环境保护治理确实产生了效果。

4.1 研究假设

经济发展阶段和制度等国家因素在企业环境保护意识的变化中占很大比重（Cai et al.，2016）。中央政府的直接参与表明，督察组有足够的经济和政治资源来执行其任务。此外，正如习近平主席倡导的“经济新常态”和“供给侧结构性改革”政策所反映的那样，经济结构改革已成为重中之重。这些政策侧重于经济增长的质量和可持续性，而不是之前几十年的以牺牲环境为代价换来的高增长。具体而言，“供给侧结构性改革”政策旨在降低杠杆和过度生产能力（过度投资），这两者在污染行业表现得更为突出（Chen et al.，2011；Deng et al.，2017）。与此同时，这些新政策减轻了地方官员创造高增长率的压力，因此可能会促使他们配合而不是阻碍环境检查。[①]考虑到中央政府的介入和向更可持续增长道路的转变，我们假设新的执行机制有更多的监管效应，因此本章的第一个假设是：

H1：中央环保督察制度的实施提高了污染企业的监管成本，导致了较低的市场回报。

政治关系与受监管企业之间的关联影响是环保法规实施的一个重要因素（Firth et al.，2009；Tu et al.，2013；Li and Zhou，2015）。[②]有政治背景的地方官员，其升迁与否在一定程度上取决于当地的经济表现，因为担心就业和经济增长放缓，他们可能会妨碍全面执法或严格检查，以保护所在省份的企业（Li et al.，2008）。检查的有效性既取决于中央政府的政治意愿，也取决于地方官员晋升激励机制的变化。最高领导层的参与提高了环保督察制度的定位，与环保部门开展的检查相比，更有可能确保其有效性。同样，降低将地方经济增长作为晋升基础的重要性，可能会提升地方官员与督察组合作的意愿。地方官员对中央政府权力的尊重也是改变检查行为的重要因素。在每次省级督察动员会上，督察组都向省委书记、省长强调要贯彻落实中央政策和决定。据此，本章提出第二个假设：

H2：政治关联对中央环保督察的有效性没有影响。

在中央环保督察制度出台之前，企业规模和过度投资被视为中国严格执行环境监管的主要障碍。规模庞大的企业因为对当地经济发展做出了贡献而受到当地官员的保护。此外，由于地方政府的偏好，污染企业倾向于在更容易获得地方金融机构信贷的基础上扩大产能，最终导致过度投资。虽然过度投资不符合股东价值最大化目标，但过度投资对企业管理人员和地方官员都有利：企业产能过剩带来更多的就业机会，有助于降低失业率，对地方官员的晋升有好处；同时，过度投资将带来规模效应（Jensen，1986；Stulz，1990；Zwiebel，1996），进而提高管理人员的薪酬水平，并且销售额增长（Murphy，1985）有助于与当地领导人建立良好的关系。Chen et al.（2011）和Deng et al.（2017）发现过度投资现象在国有企业中尤为严重。

---

① 在习近平主席的领导下，中国政府一直在设定更灵活或更低的增长目标，这表明经济增长作为促进工具的重要性已经下降。

② Wang et al.（2018）采用事件研究法发现，在中国，当相关官员被解职时，政治关联公司的市值平均下降2%。同样，Guo et al.（2014）通过对中国企业高层管理人员的调查发现，政治关系与获取资源和发现商机正相关。

然而，只有当地方官员能够干扰监管时，企业规模和过度投资才能让企业免受严格的检查。如前所述，中央环保督察由中央政府直接介入环境保护监管，表明了中央政府解决污染问题的决心。在降低对经济高增长的重视程度的同时，中央环保督察能够有效地减少地方官员的干预。事实上，中央政府的“供给侧结构性改革”政策也强调了消除制造业的过剩产能，我们预计，企业规模和过度投资可能会刺激督察组进行更多的审查，而不是保护企业免受检查。因此，本章提出第三个假设：

H3：在中央环保督察制度下，大企业和产能过剩（过度投资）的企业会遭受更严重的市场损失。

4.2 研究方法与实证模型

为了研究更严格的政府监管对环境治理产生的影响，我们选择事件研究法，以中央环保督察小组进驻每个省份（自治区、直辖市，下同）开展实地督察的日期（以下简称“实地督察”）作为事件日，以市场反应度量政府强化监管的有效性。督察的有效性可以从企业产出（污染物排放）或投入（监管成本增加）两方面来考察。[①]据我们所知，中国没有公开的企业级排放数据。因此，我们转向投入视角，衡量市场对监管成本增加的评估。根据市场有效性假说，在“实地督察”日的公司市值变化，反映了投资者对监管成本的评估（Hamilton，1995）。如果政府强化监管的行为确实能够提高环境污染的治理水平，那么污染企业将面临额外的成本，如罚款或更多投资污染防治技术。在这种情况下，污染企业将出现显著为负的市场反应。

4.2.1 事件研究

如果市场是有效的，那么事件发生日期前后的实际回报和预期回报（异常回报）之间的差异是事件对公司价值影响的可靠指标。中国市场的

① 我们了解到，以前的工作（如Innes and Sam，2008；Bi and Khanna，2012；Sam et al.，2009；Sam，2010；Carrión-Flores et al.，2013）使用了更直接的指标，如行业、公司或设施层面的排放量。但是，中国并没有像许多发达国家那样公开这种级别的污染数据。

有效性是采用中国数据进行事件研究的基础，尽管以前的研究对中国的市场效率提出了质疑（如Lim and Books，2009）。Liu et al.（2019）的论文证明了市场模型的有效性，Haw et al.（1999）和Chen and Huang（2014）等人也证明，中国的市场价格能够反映企业基本面信息，这也与市场的半强势效率一致。此外，中国监管机构还进行了一系列监管改革，如2014年通过与中国香港资本市场互联互通向外国投资者开放市场，2010年取消卖空限制，这些改革进一步提高了市场效率（Chang et al.，2014）。我们遵循Jiang and Luo（2017）的建议，在考虑潜在的投资者延迟反应和消息传递时滞基础上，使用5天的事件窗口进行事件研究分析，并进行稳健性检验。

为了计算市场异常收益率，我们使用模型1（Eq.1），遵循MacKalay（1997）、Henderson（1990）和Chaudhry and Sam（2014）使用每日数据和估计窗口［-155，-6］（即从事件开始日期之前的155天到6天）来估计股票回报和市场回报之间的相关性。

$$R_{it} = \alpha_i + \beta_i \times R_{mt} + \varepsilon_{it} \qquad \text{(Eq.1)}$$

其中：R_{it}和R_{mt}为公司i和市场在t日的回报率。

使用从模型1中估计的$\hat{\alpha}_i$和$\hat{\beta}_i$，按照模型2（Eq.2）计算事件窗口期间的异常回报。t日i公司的异常回报：

$$AR_{it} = R_{it} - \overline{R}_{it} = R_{it} - (\hat{\alpha}_i + \hat{\beta}_i \times R_{mt}) \qquad \text{(Eq.2)}$$

其中：$\overline{R}_{it}$是t日i公司的预期回报，为模型1中的估计值。

然后，我们使用模型3（Eq.3）计算事件窗口期间每个公司i的累计异常回报率（CAR_{it}）。

$$CAR_{it} = \sum_{j=0}^{t} AR_{ij} \qquad \text{(Eq.3)}$$

由于中央环保督察针对省级政府，为了确定每个公司的“实地督察”日，我们将每个省的检查开始日期作为在该省注册的公司的事件日。中央环保督察共包括四个批次，在每个批次中，各个省份的开始日期可能存在差异，具体的“实地督察”日见表4-1。[①]

① 在事件研究法中，事件日以消息抵达市场日期为准。若中央环保督察小组进驻日为股市休市日，表4-1将“实地督察”日调整为中央环保督察小组进驻日后的首个交易日。因此，本表中的日期与此前相比略有差异。

表4-1　　中央环保督察“方案通过”日和“实地督察”日

本表列出了中央环保督察制度方案通过日期和四个批次中央环保督察的实地督察开始日期

事件		受影响地区	日期
“方案通过”日		中国内地所有省（自治区、直辖市）	2015-07-01
第一批督察	小组1	宁夏	2016-07-12
	小组2	江西、内蒙古、广西	2016-07-14
	小组3	云南、江苏	2016-07-15
	小组4	河南	2016-07-16
	小组5	黑龙江	2016-07-19
第二批督察	小组1	重庆	2016-11-24
	小组2	湖北、广东、上海、陕西	2016-11-28
	小组3	北京	2016-11-29
	小组4	甘肃	2016-11-30
第三批督察	小组1	湖南、福建	2017-04-24
	小组2	辽宁	2017-04-25
	小组3	贵州	2017-04-26
	小组4	安徽	2017-04-27
	小组5	天津、山西	2017-04-28
第四批督察	小组1	四川	2017-08-07
	小组2	青海	2017-08-08
	小组3	山东、海南	2017-08-10
	小组4	吉林、浙江、新疆	2017-08-11
	小组5	西藏	2017-08-15

值得注意的是，强化政府环境监管对公司价值的影响，是中央环保督察制度公告效果和中央实地督察的结合。公告效果是市场首次得知中央环保督察制度时的反应；实地督察是市场对中央环保督察小组实地进驻的反应。本章还对“方案通过”日的宣布进行了一项事件研究，以了解中央环保督察制度的综合影响。综合“方案通过”日和“实地督察”日的市场反应，能进一步说明其相对于以前制度的有效性（Porta et al.，1997；Coffee，2007；Mahoney，2009）。因此，“方案通过”日的事件日为《环境保护督察方案（试行）》审议通过日期（2015年7月1日）。在“方案通过”日，中央政府强化环境监管的信息首次进入市场。

需要指出的是，在“方案通过”日，并没有中央环保督察的细节信息对外披露；除了中央政府将直接派出督察小组进行环境执法督察外，市场无从获得督察的细节，如日期、地点、具体目标或范围。因此，与Zhao et al.（2016）和Jiang and Luo（2018）等人的研究类似，在“方案通过”日，股票异常收益率反映了“监管规定”而非“监管行为”对公司价值的影响。

在“实地督察”日，市场反应则代表了中央环保督察制度“监管行为”的实际效果；中央环保督察制度对企业的影响是督察小组按照监管规则进行实地督察的结果。因此，“实地督察”日期的市场价格变化反映了更严格地执行制度所带来的预期实际监管成本。

4.2.2 实证设计

为了衡量中央环保督察强化监管的有效性，本章构建了模型4（Eq.4）。在模型4（Eq.4）中，因变量为根据模型3（Eq.3）计算得到的CAR，自变量是污染行业虚拟变量$Poll_{it}$。如果上市公司所属行业属于证监会列出的污染行业，则取值为1，否则为0。如果投资者认为中央政府的督察增加了被检查公司的监管成本，预计会有负面的市场反应。模型4（Eq.4）还控制了公司层面的基本特征和省级层面的污染治理和经济发展水平。变量名称和其定义列示在表4-2中。

表4-2　**变量名称和定义表**

变量名称	定义
因变量	
CAR_{it}	使用市场模型的事件日期前后累积异常回报
自变量	
$Poll_{it}$	污染企业虚拟变量，如果公司i所属行业属于生态环境部确认的污染行业，则取值为1，否则为0。生态环境部分类的污染行业包括：（1）冶金；（2）化工；（3）石化；（4）煤炭；（5）火电；（6）建材；（7）造纸；（8）酿酒；（9）制药；（10）发酵；（11）纺织；（12）皮革；（13）矿业
SOE_{it-1}	如果公司i在t-1年的最终控制所有者（基于年度报告中要求的披露）是地方政府，则取值为1，否则为0
$Size_{it-1}$	t-1年公司i总资产的自然对数
$PC\_Central_{it-1}$	如果i公司董事长或总经理是或曾经是中央政府或中央政府下属机构的官员，则取值为1，否则为0
PC_Local_{it-1}	如果i公司的董事长或总经理是或曾经是地方政府或地方政府附属机构的官员，则取值为1，否则为0
$Over_{it-1}$	根据Richardson（2006）方法，采用模型6（Eq.6）计算的公司过度投资水平。如果模型6（Eq.6）的残差为正，则取值为模型6（Eq.6）的残差，否则为0
$Sales2GDP_{it-1}$	公司i在t-1年的销售额，除以公司i注册省份t-1年的GDP。衡量公司对当地政府的重要性
Lev_{it-1}	负债水平，i公司t-1年总负债除以t-1年总资产
ROA_{it-1}	总资产收益率，i公司t-1年净利润除以t-1年的总资产
Age_{it-1}	截至t-1年，公司i上市的年数
$Sales\_Growth_{it-1}$	销售增长，计算为公司i从t-2年到t-1年的销售增长百分比
$Emiss\_Rdc_{it-1}$	t-1年，公司i所在省份过去3年的气体减排

续表

变量名称	定义
GDP_Growth_{it-1}	t-1年，公司i所在省份的国内生产总值增长
Inspection Round effects	中央环保督察轮次虚拟变量
Province effects	省份虚拟变量
$Invest_{it-1}$	公司i在t-1年的资本支出除以t-2年总销售额
$Sales\_Growth_{it-2}$	公司i从t-3年到t-2年的销售百分比变化
Lev_{it-2}	公司i在t-2年的债务总额除以总资产
$Cash_{it-2}$	t-2年度公司i的现金水平除以t-2年总资产
Age_{it-2}	截至t-2年，公司i上市年数
$Size_{it-2}$	t-2年度公司i总资产的自然对数
$Return_{it-2}$	公司i在t-2年的年度股票回报
$Invest_{it-2}$	t-2年公司i资本支出除以t-2年总资产
Industry effects	行业虚拟变量

为了检验H2和H3，本章在模型4（Eq.4）的基础上，将政治关联和过度投资加入构建模型5（Eq.5）。为了检验H2，本章采用公司董事长和总经理的政府任职经历度量政治关联。政治关联是在中央政府和省级政府两个层面上衡量的，因为中央环保督察是由中央政府针对省级政府的环境监管行为进行的督察。如果公司的董事长或总经理是/曾经是中央（地方）政府或中央（地方）政府下属机构的官员，那么$PC_Central_{it-1}$（PC_Local_{it-1}）取值为1，否则为0。本章在模型5中控制这两个变量及其与$Poll_{it}$的相互作用。$Poll_{it}$与$PC_Central_{it-1}$（PC_Local_{it-1}）的交叉项反映政治关联对中央环保督察制度的影响。

$$
\begin{aligned}
CAR_{it} = {} & \beta_0 + \beta_1 \times Poll_{it} + \beta_2 \times Size_{it-1} + \beta_3 \times Lev_{it-1} + \beta_4 \times ROA_{it-1} \\
& + \beta_5 \times Sales\_Growth_{it-1} + \beta_6 \times Age_{it-1} + \beta_7 \times Sale2GDP_{it-1} \\
& + \beta_8 \times Emiss\_Rdc_{it-1} + \beta_9 \times GDP\_Growth_{it-1} + \sum_{j=1}^{3} \beta_{9+j} \times Round_j \qquad (Eq.4) \\
& + \sum_{p=1}^{29} \beta_{12+p} \times Province_p + \varepsilon_{it}
\end{aligned}
$$

为了检验H3，本章在模型5（Eq.5）中控制了企业规模和过度投资，并构造其与$Poll_{it}$的交叉项。在中央环保督察中，企业规模和过度投资可能会增加污染企业的监管成本，而不是帮助公司免于督察。公司规模由$Size_{it-1}$衡量，$Size_{it-1}$是事件前一年总资产的自然对数。沿用Richardson（2006）的研究，我们使用模型6（Eq.6）估算的正残差作为过度投资$Over_{it-1}$的代理变量。模型6（Eq.6）在控制了过去的投资水平和公司特征后，估计了t-1年的预期最佳投资水平。在模型6（Eq.6）中，$Invest_{it-1}$是对工厂财产和设备的新投资，衡量生产能力的提高。当模型6（Eq.6）的残差为正时，存在超出最优水平的过度投资，即过度投资。过度投资水平也与公司的环境污染能力有关。

$$\begin{aligned} CAR_{it} = {} & \beta_0 + \beta_1 \times Poll_{it} + \beta_2 \times Size_{it-1} + \beta_3 \times Poll_{it} \times Size_{it-1} + \beta_4 \\ & \times Over_{it-1} + \beta_5 \times Poll_{it} \times Over_{it-1} + \beta_6 \times PC\_Central_{it-1} + \beta_7 \\ & \times Poll_{it} \times PC\_Central_{it-1} + \beta_8 \times PC\_Local_{it-1} + \beta_9 \times Poll_{it} \\ & \times PC\_Local_{it-1} + \beta_{10} \times Lev_{it-1} + \beta_{11} \times ROA_{it-1} + \beta_{12} \times Sales\_Growth_{it-1} \\ & + \beta_{13} \times Age_{it-1} + \beta_{14} \times Sale2GDP_{it-1} + \beta_{15} \times Emiss\_Rdc_{it-1} + \beta_{16} \\ & \times GDP\_Growth_{it-1} + \sum_{j=1}^{3} \beta_{16+j} \times Round_j + \sum_{p=1}^{29} \beta_{19+p} \times Province_p + \varepsilon_{it} \end{aligned} \quad (Eq.5)$$

$$\begin{aligned} Invest_{it-1} = {} & \beta_0 + \beta_1 \times Sales\_Growth_{it-2} + \beta_2 \times Lev_{it-2} + \beta_3 \times Cash_{it-2} \\ & + \beta_4 \times Age_{it-2} + \beta_5 \times Size_{it-2} + \beta_6 \times Return_{it-2} + \beta_7 \times Invest_{it-2} \\ & + \sum_{s=1}^{44} \beta_{7+s} \times Industry_s + \varepsilon_{it-1} \end{aligned} \quad (Eq.6)$$

本章采用模型4（Eq.4）度量“实地督察”和“方案通过”事件的影响。这是因为中央环保督察制度对异常回报的影响，可能取决于新督察制度的宣布及其在实践中的执行。模型5（Eq.5）仅适用于“实地督察”事件，因为政治关联和企业规模只能通过中央环保督察制度的实际执行影响异常回报。本章还对国有企业和非国有企业分别采用模型4（Eq.4）、模型5（Eq.5）进行验证，以便更深入地了解中央环保督察制度对不同产权性质的企业的影响。由于计划经济的遗留问题，国有企业仍然主导着中国的商业格局，并且由于国有企业与政府的联系更加紧密，它们在检查过程中可能会受到不同的对待。为避免异常值的影响，所有的连续变量都在1%和99%的水平上进行了缩尾处理。

4.3 描述性统计和市场反应的单变量分析

4.3.1 数据和描述性统计

本章样本包括在上海证券交易所和深圳证券交易所上市的所有非金融公司。本章将中央政府控制的国有企业排除在外，由于很难将这些国有企业和地方政府建立关联，因此实地督察日期很难确定。由于不同的会计和监管原则，金融公司被排除在外。与事件日在同一年首次公开发行（IPO）的公司被从样本中剔除，因为这些公司的控制变量难以获得（没有滞后期数据）。最终，在“方案通过”日和“实地督察”日，我们分别获得了1 710家公司和2 050家公司的样本。“实地督察”事件的样本量增加是因为自2015年起中国监管部门加快了首次公开募股过程。

表4-3提供了控制变量的描述性统计。从表4-3可以看出，样本期间的公司盈利能力不高，平均ROA_{it-1}为3.7%。但公司销售增长迅速，平均销售额增长26.3%，其中与中央政府有联系的公司不到6%，而与地方政府有联系的公司有12%。由于模型6（Eq.6）的估计过程需要提供滞后期数据，因此变量$Over_{it-1}$的观测值较少。

表4-3 **控制变量的描述性统计**

变量	样本数	最小值	最大值	均值	标准差
$Size_{it-1}$	2 050	19.723	25.494	22.163	1.161
Lev_{it-1}	2 050	0.000	0.433	0.084	0.098
ROA_{it-1}	2 050	−0.170	0.191	0.037	0.052
$Sales\_Growth_{it-1}$	2 050	−0.566	6.439	0.263	0.844
Age_{it-1}	2 050	1.000	23.000	10.568	6.914
$Sales2GDP_{t-1}$	2 050	0.000	0.036	0.002	0.005
$Emiss\_RDC_{it-1}$	2 050	−0.142	0.177	0.036	0.105
GDP_Growth_{it-1}	2 050	−0.224	0.109	0.070	0.055
$PC\_Central_{it-1}$	2 050	0.000	1.000	0.055	0.228
PC_Local_{it-1}	2 050	0.000	1.000	0.123	0.328
$Over_{it-1}$	1 904	0.000	0.163	0.011	0.028

表4-4显示了按公司类型分类的控制变量的描述性统计数据。我们发现污染企业和非污染企业在许多变量上存在显著差异。例如，污染企业年龄较大，销售增长较慢，与中央政府的政治关联更紧密。

表4-4　　**控制变量的组间分析**

变量	全样本					污染企业				
	非污染企业		污染企业		组检差异	非国企		国企		组间差异
	均值	样本数	均值	样本数		均值	样本数	均值	样本数	
Size$_{it-1}$	22.135	1 344	22.216	706	−0.081	21.953	482	22.781	224	−0.828***
Lev$_{it-1}$	0.085	1 344	0.084	706	0.000	0.063	482	0.129	224	−0.065***
ROA$_{it-1}$	0.036	1 344	0.038	706	−0.002	0.048	482	0.018	224	0.030***
Sales_Growth$_{it-1}$	0.328	1 344	0.139	706	0.190***	0.174	482	0.063	224	0.111**
Age$_{it-1}$	10.317	1 344	11.045	706	−0.728**	8.932	482	15.594	224	−6.662***
Sales2GDP$_{it-1}$	0.002	1 344	0.002	706	−0.001**	0.001	482	0.005	224	−0.003***
Emiss_RDC$_{it-1}$	0.033	1 344	0.041	706	−0.008*	0.046	482	0.031	224	0.016**
GDP_Growth$_{it-1}$	0.071	1 344	0.068	706	0.003	0.071	482	0.062	224	0.009*
PC_Central$_{it-1}$	0.050	1 344	0.065	706	−0.015	0.079	482	0.036	224	0.043**
PC_Local$_{it-1}$	0.126	1 344	0.118	706	0.008	0.118	482	0.116	224	0.002
Over$_{it-1}$	0.011	1 244	0.012	660	0.000	0.013	440	0.008	220	0.005**

注：***、**、*分别表示1%、5%、10%的统计显著水平。

在污染企业中，国有企业和非国有企业之间存在显著差异。国有企业规模更大，杠杆率更高，但利润更低，增长更慢。有趣的是，非国有企业与中央政府的政治关联比国有企业更紧密，这可能是因为非国有企业寻求与政府建立牢固的联系，以获得竞争优势。过度投资最常见的解释是代理问题（Jensen，1986；Stulz，1990）；不难发现，在代理成本较高的国有企业中过度投资水平更高（Chen et al.，2011；Deng et al.，2017）。

4.3.2　市场反应的单变量分析

图4-1和图4-2描绘了10天事件窗口中“实地督察”开始前后的市场回报。在图4-1中，将污染企业与非污染企业进行了比较。实地督察开始

后，污染企业的市场回报率大幅下降，而非污染企业的市场回报率为正值。据此，我们推测这种变化是由于实地督察造成的，因为在事件发生之前，这两种类型的公司之间没有显著的差异。市场回报率的下降表明，市场参与者认为中央环保督察是有效的，中央环保督察强化了环境监管力度，提高了污染企业的生产成本，累计异常收益率在5天内约为-1%。当有关检查的更多细节信息（如罚款数额和刑事起诉）被披露时，这些异常回报率预计将变大。表4-5中的Panel A证实了图4-1。在开始对污染企业进行督察后，CARs显著为负。对于无污染企业而言，累积回报为正，这可能反映出投资者从污染企业转向无污染企业的再平衡。污染企业和非污染企业之间的差异在所有事件窗口中表现都很显著。

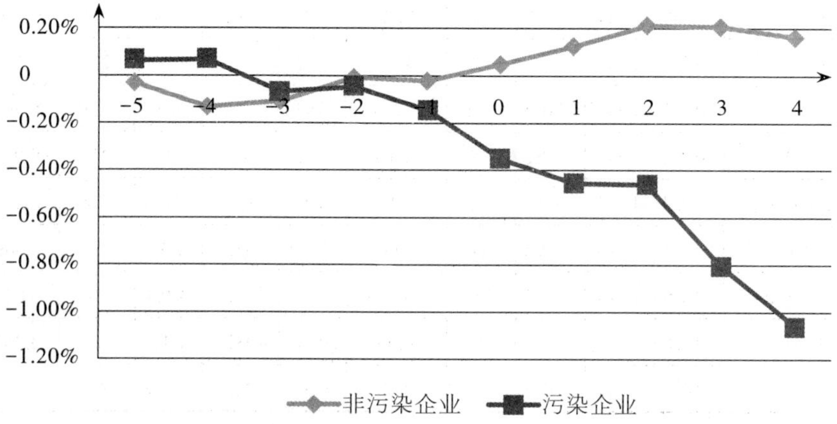

图4-1　实地督察事件日CARs（污染企业与非污染企业）

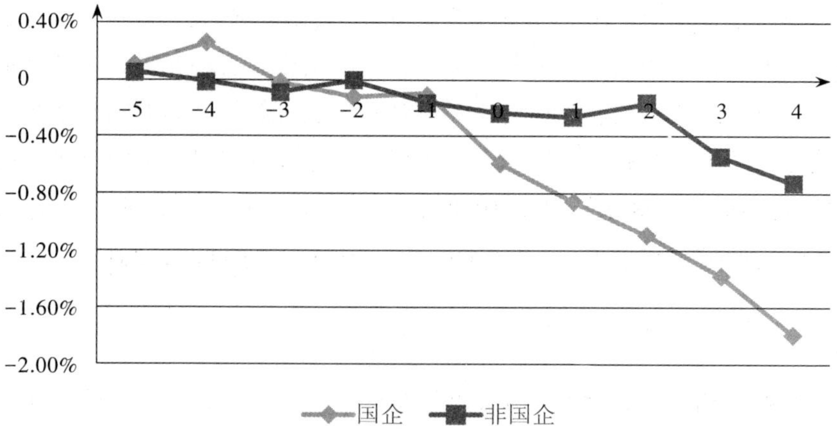

图4-2　实地督察事件日污染企业CARs（国企与非国企）

表4-5　　CARs组间检验（实地督察）

Panel A：非污染企业vs污染企业

CARs	非污染企业				污染企业				差异
	样本数	均值	T值	P值	样本数	均值	T值	P值	
[0，1]	1 344	0.001*	(1.719)	0.086	706	-0.004***	(-3.214)	0.001	0.005***
[0，2]	1 344	0.002***	(2.598)	0.009	706	-0.003**	(-2.551)	0.011	0.006***
[0，3]	1 344	0.002**	(2.178)	0.030	706	-0.007***	(-4.784)	0.000	0.009***
[0，4]	1 344	0.002*	(1.676)	0.094	705	-0.009***	(-6.067)	0.000	0.012***

Panel B：污染企业中的非国有企业和国有企业

CARs	非国有企业				国有企业				差异
	均值	样本数	T值	P值	均值	样本数	T值	P值	
[0，1]	482	-0.002	(-1.142)	0.254	224	-0.008***	(-3.858)	0.000	0.007***
[0，2]	482	-0.000	(-0.246)	0.806	224	-0.010***	(-3.923)	0.000	0.009***
[0，3]	482	-0.004**	(-2.507)	0.012	224	-0.012***	(-4.697)	0.000	0.008***
[0，4]	481	-0.006***	(-3.264)	0.001	224	-0.017***	(-5.836)	0.000	0.011***

注：***、**、*分别表示1%、5%、10%的统计显著水平。

图4-2提供了污染企业中国有企业和非国有企业之间的比较。污染型国有企业和非污染型国有企业在检查开始后都经历了大幅下降，但前者的市场回报率下降速度明显快于后者。表4-5中的Panel B与图4-2一致。对于污染严重的国有企业来说，所有事件窗口的CARs都显著为负，5天内最大值为-1.7%。对于有污染的非国有企业，从实际检查后的第三天开始，CARs变为负值，最大值在5天内小于-1%。国有企业和非国有企业之间的差异在1%的水平上是显著的。这表明国有企业被认为是中央环保督察的主要目标。

表4-6显示了使用“方案通过”作为事件日的累积异常收益率。与表4-5相比，CARs的符号和统计显著性相一致，但更具经济意义。市场对“方案通过”的反应更强烈，因为这是首次公开披露中央环保督察制度。总体来说，超额累计收益率在“方案通过”日和“实地督察”日显著为负，这表明市场参与者认为中央环保督察大大增加了监管成本。

表4-6 CARs组间分析（方案通过）

Panel A：非污染企业vs污染企业

CARs	非污染企业				污染企业				差异
	样本数	均值	T值	P值	样本数	均值	T值	P值	
[0，1]	1 103	-0.001	(-0.490)	0.624	607	-0.009***	(-4.042)	0.000	0.008***
[0，2]	1 093	-0.000	(-0.062)	0.950	605	-0.013***	(-3.910)	0.000	0.013***
[0，3]	1 085	-0.003	(-0.856)	0.392	600	-0.014***	(-3.063)	0.002	0.011*
[0，4]	1 064	0.003	(0.727)	0.468	594	-0.016***	(-3.082)	0.002	0.019***

Panel B：污染企业中的非国有企业和国有企业

CARs	非国有企业				国有企业				差异
	样本数	均值	T值	P值	样本数	均值	T值	P值	
[0，1]	386	-0.003	(-0.959)	0.338	221	-0.021***	(-6.418)	0.000	0.018***
[0，2]	384	-0.002	(-0.510)	0.610	221	-0.031***	(-7.067)	0.000	0.029***
[0，3]	380	0.001	(0.106)	0.915	220	-0.040***	(-6.104)	0.000	0.041***
[0，4]	375	0.002	(0.297)	0.767	219	-0.046***	(-6.092)	0.000	0.048***

注：***、*分别表示1%、10%的统计显著水平。

从百分比来看，尽管市场反应的幅度似乎很小，但在［0，4］事件窗口中，“方案通过”和“实地督察”的CARs分别为-1.6%和-0.9%，分别给污染企业带来了190.5亿美元和102.2亿美元的巨额股权损失。①与同类的采用中国数据研究相比，本章发现的CARs（绝对值）更大。例如，Jiang and Luo（2018）估计，由于《京都议定书》的减排政策延迟通过而导致的CARs为0.84%。Du（2015）研究了企业环境绩效（通过对七个环境指标的评分获得）对市场回报的影响，并根据不同的事件窗口发现了0.0002至0.0008之间的小而显著的CARs。同样，Lyon et al.（2013）估计在5天的窗口期中，获得环保奖项的CARs仅为0.3%，并且没有统计学意义。Zhao et al.（2016）估计，由于对能源公司股票价格发布了新的（立

① 污染企业的市值很大，在方案通过/实地督察之前，市值为1.1907/1.3577万亿美元。

法和行政）命令和管理条例，累计CARs为-4.6%。我们注意到，他们的事件窗口包括法规宣布前4天，这样可以发现更大的CARs。与本章结果相比，国外投资者对于环境新闻的反应较小。例如，Hamilton（1995）计算了对美国环境保护署公布的特定公司有毒物质排放报告的市场反应。研究发现，在5天的事件窗口内，CARs为-1.2%。Jacobs et al.（2010）发现，在企业环保议案的宣告日，对市场的影响较小（CARs为0.02%且不显著）。Capelle-Blancard and Laguna（2010）利用1990年至2005年期间化工厂和炼油厂爆炸的全球数据，估计在重大工业事故发生后的5天内，CARs为-1.02%。另外，Lee et al.（2015）报告了2008—2009年韩国公司通过碳披露项目公布碳排放指标引发的更大（不利）市场反应。

4.4 实证结果

4.4.1 主回归结果分析

表4-7分别列示了所有企业、国有企业和非国有企业的CARs对$Poll_{it}$和其他控制变量的OLS回归结果。表4-7提供了中央环保督察有效性的证据。在表4-7中，Panel A和Panel B分别为采用“实地督察”日和“方案通过”日的市场反应进行回归的结果，基本与前述的单变量分析一致。在控制了其他相关变量后，污染企业的市值总共下降了3%。[①]这为本书的第一个假设（H1）提供了证据，即投资者认为环保督察显著增加了污染企业的环境保护成本。当结果按所有权结构分类时，我们发现国有企业和非国有企业之间的回报率下降幅度（Panel A）相当，这与我们在单变量分析中发现的情况不同（如图4-2所示），表明国有企业和非国有企业对“实地督察”事件的市场反应类似。对于“方案通过”事件，表4-7中的Panel B报告了类似的结果。对非国有企业来说，市场的负面反响并不显著，相对而言，为国有企业带来的负面反应更加显著。

① 我们通过使用［0，4］窗口将“方案通过”和“实地督察”的事件日期的CARs相加来获得此数字。

表4-7 **市场对中央环保督察制度的反应**

变量 事件窗口期	(1) [0, 1]	(2) [0, 2]	(3) [0, 3]	(4) [0, 4]	(5) [0, 1]	(6) [0, 2]	(7) [0, 3]	(8) [0, 4]	(9) [0, 1]	(10) [0, 2]	(11) [0, 3]	(12) [0, 4]
Panel A：实地督察												
	ALL	ALL	ALL	ALL	SOEs	SOEs	SOEs	SOEs	Non-SOEs	Non-SOEs	Non-SOEs	Non-SOEs
$Poll_{it}$	-0.005^{***}	-0.005^{***}	-0.008^{***}	-0.011^{***}	-0.006^{**}	-0.007^{**}	-0.008^{**}	-0.011^{***}	-0.005^{***}	-0.005^{***}	-0.009^{***}	-0.011^{***}
	(-3.731)	(-3.383)	(-4.768)	(-5.477)	(-2.275)	(-2.295)	(-2.395)	(-3.105)	(-2.842)	(-2.609)	(-4.157)	(-4.499)
$Size_{it-1}$	0.003^{***}	0.002^{**}	0.002^{**}	0.003^{**}	0.002	-0.000	0.000	0.000	0.003^{***}	0.003^{***}	0.003^{**}	0.004^{***}
	(3.248)	(2.539)	(2.091)	(2.567)	(1.378)	(-0.096)	(0.166)	(0.014)	(2.735)	(2.824)	(2.225)	(3.014)
Lev_{it-1}	-0.017^{**}	-0.014	-0.015	-0.021^{**}	-0.013	-0.011	-0.013	-0.016	-0.018^{*}	-0.011	-0.009	-0.014
	(-2.324)	(-1.643)	(-1.547)	(-1.981)	(-1.124)	(-0.787)	(-0.877)	(-0.984)	(-1.814)	(-0.939)	(-0.673)	(-0.930)
ROA_{it-1}	0.024^{*}	0.029^{*}	0.030^{*}	0.031^{*}	0.079^{***}	0.094^{***}	0.095^{**}	0.102^{***}	0.004	0.005	0.006	0.004
	(1.882)	(1.833)	(1.770)	(1.693)	(2.918)	(2.717)	(2.472)	(2.658)	(0.270)	(0.265)	(0.341)	(0.196)
$Sales\_Growth_{it-1}$	0.001	0.001	0.002	0.003^{**}	-0.001	-0.001	-0.001	-0.001	0.001	0.001	0.002	0.003^{**}
	(1.209)	(1.233)	(1.555)	(2.345)	(-0.365)	(-0.733)	(-0.598)	(-0.432)	(1.182)	(1.323)	(1.574)	(2.015)
Age_{it-1}	-0.000^{**}	-0.000^{**}	-0.000^{**}	-0.000^{**}	-0.000	-0.000	-0.000	-0.000	-0.000	-0.000	-0.000	-0.000
	(-2.456)	(-2.178)	(-2.203)	(-2.026)	(-1.436)	(-0.791)	(-0.490)	(-0.639)	(-1.046)	(-1.179)	(-1.449)	(-0.937)

续表

变量 事件窗口期	(1) [0, 1]	(2) [0, 2]	(3) [0, 3]	(4) [0, 4]	(5) [0, 1]	(6) [0, 2]	(7) [0, 3]	(8) [0, 4]	(9) [0, 1]	(10) [0, 2]	(11) [0, 3]	(12) [0, 4]
	ALL	ALL	ALL	ALL	SOEs	SOEs	SOEs	SOEs	Non-SOEs	Non-SOEs	Non-SOEs	Non-SOEs
$Sales2GDP_{it-1}$	-0.404***	-0.559***	-0.639***	-0.916***	-0.375*	-0.321	-0.383	-0.614**	-0.053	-0.333	-0.402	-0.560**
	(-2.705)	(-3.431)	(-3.360)	(-4.615)	(-1.755)	(-1.369)	(-1.484)	(-2.294)	(-0.246)	(-1.395)	(-1.380)	(-2.008)
$Emiss\_RDC_{it-1}$	0.032	0.007	0.023	0.039	0.037	0.008	0.051	0.036	0.026	0.002	-0.006	0.019
	(1.247)	(0.176)	(0.573)	(0.911)	(0.677)	(0.126)	(0.685)	(0.420)	(0.920)	(0.044)	(-0.108)	(0.378)
GDP_Growth_{it-1}	0.205	0.071	0.066	0.037	-0.005	-0.230	-0.071	-0.102	0.452	0.475*	0.329	0.305
	(1.069)	(0.306)	(0.319)	(0.149)	(-0.019)	(-0.712)	(-0.237)	(-0.285)	(1.593)	(1.918)	(1.336)	(1.053)
Constant	-0.065***	-0.050*	-0.041	-0.049	-0.034	0.030	0.010	0.021	-0.091***	-0.108***	-0.083**	-0.103***
	(-2.600)	(-1.683)	(-1.427)	(-1.496)	(-0.850)	(0.608)	(0.203)	(0.369)	(-2.654)	(-3.300)	(-2.455)	(-2.670)
Observations	2 050	2 050	2 050	2 049	580	580	580	580	1 470	1 470	1 470	1 469
Adj R^2	0.025	0.023	0.030	0.034	0.042	0.031	0.047	0.062	0.020	0.021	0.022	0.020
Round	Yes	Yes	Yes	Yes	Yes	Yes	Yes	Yes	Yes	Yes	Yes	Yes
Province	Yes	Yes	Yes	Yes	Yes	Yes	Yes	Yes	Yes	Yes	Yes	Yes

续表

Panel B：方案通过												
变量	(1)	(2)	(3)	(4)	(5)	(6)	(7)	(8)	(9)	(10)	(11)	(12)
事件窗口期	ALL	ALL	ALL	ALL	SOEs	SOEs	SOEs	SOEs	Non-SOEs	Non-SOEs	Non-SOEs	Non-SOEs
$Poll_{it}$	-0.007**	-0.011***	-0.011**	-0.019***	-0.013***	-0.018***	-0.019**	-0.024**	-0.006	-0.010*	-0.009	-0.017**
	(-2.286)	(-2.579)	(-1.969)	(-2.910)	(-2.699)	(-2.863)	(-2.087)	(-2.327)	(-1.455)	(-1.698)	(-1.222)	(-2.067)
$Size_{it-1}$	0.008***	0.011***	0.029***	0.030***	0.003	0.003	0.020***	0.022***	0.013***	0.017***	0.035***	0.037***
	(4.458)	(4.244)	(8.622)	(8.110)	(0.961)	(0.660)	(3.866)	(3.825)	(5.220)	(5.134)	(7.939)	(7.599)
Lev_{it-1}	-0.037**	-0.037	-0.050	-0.044	0.007	0.013	0.009	0.034	-0.061**	-0.056	-0.059	-0.066
	(-2.139)	(-1.546)	(-1.525)	(-1.176)	(0.298)	(0.430)	(0.209)	(0.712)	(-2.321)	(-1.480)	(-1.151)	(-1.113)
ROA_{it-1}	0.152***	0.298***	0.579***	0.566***	0.029	0.118	0.403***	0.421***	0.191***	0.362***	0.632***	0.593***
	(4.044)	(5.534)	(8.225)	(7.436)	(0.505)	(1.448)	(3.419)	(3.132)	(4.106)	(5.326)	(7.329)	(6.404)
$Sales\_Growth_{it-1}$	0.008*	0.008	0.005	0.007	0.014**	0.013*	0.012	0.009	0.003	0.003	-0.001	0.001
	(1.731)	(1.374)	(0.736)	(0.838)	(2.020)	(1.666)	(1.062)	(0.654)	(0.640)	(0.399)	(-0.148)	(0.139)
Age_{it-1}	-0.001***	-0.001***	-0.002***	-0.003***	-0.000	-0.001	-0.002**	-0.003***	-0.001	-0.001*	-0.001**	-0.002**
	(-2.729)	(-3.160)	(-4.652)	(-5.785)	(-0.758)	(-1.059)	(-2.315)	(-2.943)	(-1.587)	(-1.804)	(-2.268)	(-2.528)

续表

变量 事件窗口期	(1) [0, 1]	(2) [0, 2]	(3) [0, 3]	(4) [0, 4]	(5) [0, 1]	(6) [0, 2]	(7) [0, 3]	(8) [0, 4]	(9) [0, 1]	(10) [0, 2]	(11) [0, 3]	(12) [0, 4]
	ALL	ALL	ALL	ALL	SOEs	SOEs	SOEs	SOEs	Non-SOEs	Non-SOEs	Non-SOEs	Non-SOEs
$Sales2GDP_{it-1}$	-0.536	-0.804*	-0.569	0.025	0.021	0.009	0.153	0.930	-0.406	-0.453	1.077	1.123
	(-1.536)	(-1.646)	(-0.839)	(0.033)	(0.048)	(0.015)	(0.186)	(0.929)	(-0.554)	(-0.416)	(0.803)	(0.815)
$Emiss\_RDC_{it-1}$	0.221*	0.232	0.280	0.321	0.153	0.156	0.123	0.307	0.167	0.118	0.021	-0.118
	(1.725)	(1.327)	(1.142)	(1.180)	(1.183)	(0.944)	(0.505)	(1.034)	(0.547)	(0.252)	(0.034)	(-0.193)
GDP_Growth_{it-1}	-0.113	-0.311	-0.357	-0.469	0.024	-0.017	0.167	0.058	-0.081	-0.376	-0.406	-0.575
	(-0.456)	(-1.066)	(-0.907)	(-1.025)	(0.097)	(-0.054)	(0.340)	(0.087)	(-0.192)	(-0.794)	(-0.702)	(-0.917)
Constant	-0.185***	-0.227***	-0.628***	-0.634***	-0.088	-0.084	-0.508***	-0.545***	-0.279***	-0.358***	-0.745***	-0.757***
	(-4.060)	(-3.732)	(-7.789)	(-7.047)	(-1.292)	(-0.930)	(-4.051)	(-3.799)	(-4.160)	(-3.958)	(-6.432)	(-6.094)
Obs errationg	1 710	1 698	1 685	1 658	573	573	572	569	1 137	1 125	1 113	1 089
Adj R^2	0.043	0.061	0.144	0.140	0.029	0.039	0.132	0.145	0.052	0.072	0.155	0.141
Round	Yes	Yes	Yes	Yes	Yes	Yes	Yes	Yes	Yes	Yes	Yes	Yes
Province	Yes	Yes	Yes	Yes	Yes	Yes	Yes	Yes	Yes	Yes	Yes	Yes

注：***、**、*分别表示1%、5%、10%的统计显著水平。

表4-8为本章的第三个假设（H3）提供了证据，在中央环保督察过程中，企业规模和过度投资都会带来更多的监管成本。在表4-8中，企业规模和污染虚拟变量之间的交叉项系数显著为负，这表明，规模较大的企业比规模较小的企业市场价值下降幅度更大。过度投资与污染虚拟变量的交叉项也显著为负，这表明，存在过度投资的污染企业将会受到更为严格的监管。根据分析，中央政府推行“供给侧结构性改革”政策，旨在削减过剩产能，在这种情况下，产能过剩的企业并不会受到督察组的优待，反而会经受更为严格的检查，因此会出现更为负面的市场反应。有趣的是，回归结果显示，在包含全部公司的样本中，过度投资对污染企业市场价值没有产生额外的负面影响。然而，当结果按所有权结构分类时，在国有企业中，存在过度投资的污染企业市值下降幅度更大。$Poll_{it} \times Over_{it-1}$的系数在国有企业回归中显著为负，而在非国有企业回归中不显著。其原因可能是，与私营企业相比，督察人员更有可能意识到国有企业的生产能力会过剩，并且成功地迫使地方政府关闭由它们管理控制的低效设施。作为国有企业的管理者，地方政府有资格参与企业重大决策，并能够根据中央政府的政策取向选择企业投资项目。相比之下，中央政府更难干预非国有企业的管理，因为这可能会引发人们对政府干预市场力量的担忧。这也表明，中央环保督察是在遵守市场规则的前提下强化环境监管。

表4-8还显示了企业与中央政府及地方政府官员的政治关联对污染企业的估计影响。$Poll_{it} \times PC_Central_{it-1}$的系数对国有企业来说都是不显著的，只有［0，1］事件窗口的系数对非国有企业是显著的。$Poll_{it} \times PC_Local_{it-1}$的交叉项系数在任何回归中都不显著。这些发现表明，政治关联并不是抵御中央政府督察的有效屏障，这为前面的假设H2提供了证据。总体而言，回归结果显示，市场投资者将督察的实施视为中央政府决心遏制中国环境污染的可信信号。

4.4.2 稳健性检查

4.4.2.1 信息泄露

在事件研究中，确定关于事件的消息何时首次到达市场参与者，市场是否获知事件已经发生或尚未发生，都可能具有挑战性，并对因果识别构

表4-8　政治关联性、企业规模和过剩产能的影响

变量 事件窗口	(1) [0, 1]	(2) [0, 2]	(3) [0, 3]	(4) [0, 4]	(5) [0, 1]	(6) [0, 2]	(7) [0, 3]	(8) [0, 4]	(9) [0, 1]	(10) [0, 2]	(11) [0, 3]	(12) [0, 4]
	ALL	ALL	ALL	ALL	SOE	SOE	SOE	SOE	Non-SOEs	Non-SOEs	Non-SOEs	Non-SOEs
$Poll_{it}$	0.072^{***}	0.121^{***}	0.111^{***}	0.121^{***}	0.111^{**}	0.176^{***}	0.141^{**}	0.136^{**}	0.043	0.081^{**}	0.094^{**}	0.098^{**}
	(2.620)	(3.889)	(3.191)	(3.209)	(2.306)	(3.096)	(2.259)	(1.984)	(1.187)	(1.972)	(2.046)	(1.981)
$Size_{it-1}$	0.004^{***}	0.004^{***}	0.004^{***}	0.005^{***}	0.004^{**}	0.003^{*}	0.003^{*}	0.003	0.004^{***}	0.004^{***}	0.004^{***}	0.005^{***}
	(4.431)	(4.163)	(3.589)	(4.003)	(2.582)	(1.806)	(1.697)	(1.423)	(3.311)	(3.465)	(2.976)	(3.703)
$Poll_{it} \times Size_{it-1}$	-0.003^{***}	-0.006^{***}	-0.005^{***}	-0.006^{***}	-0.005^{**}	-0.008^{***}	-0.006^{**}	-0.006^{**}	-0.002	-0.004^{**}	-0.005^{**}	-0.005^{**}
	(-2.811)	(-4.081)	(-3.441)	(-3.487)	(-2.380)	(-3.189)	(-2.361)	(-2.112)	(-1.351)	(-2.129)	(-2.261)	(-2.206)
$Over_{it-1}$	-0.004	-0.006	0.017	0.031	-0.008	-0.077	-0.069	-0.112	-0.009	-0.005	0.026	0.047
	(-0.132)	(-0.196)	(0.461)	(0.707)	(-0.117)	(-1.194)	(-0.832)	(-1.057)	(-0.301)	(-0.129)	(0.649)	(0.979)
$Poll_{it} \times Over_{it-1}$	-0.049	-0.056	-0.078	-0.078	-0.240^{**}	-0.205^{*}	-0.272^{**}	-0.246^{*}	0.013	-0.007	-0.023	-0.026
	(-1.003)	(-1.021)	(-1.160)	(-0.999)	(-2.279)	(-1.716)	(-2.143)	(-1.689)	(0.273)	(-0.116)	(-0.335)	(-0.312)
$PC\_Central_{it-1}$	-0.002	0.003	0.001	0.005	0.009	0.012	0.002	0.011	-0.006^{*}	-0.000	0.000	0.002
	(-0.540)	(0.647)	(0.272)	(1.016)	(0.856)	(1.156)	(0.184)	(0.977)	(-1.740)	(-0.108)	(0.041)	(0.392)

续表

变量 事件窗口	(1) [0, 1]	(2) [0, 2]	(3) [0, 3]	(4) [0, 4]	(5) [0, 1]	(6) [0, 2]	(7) [0, 3]	(8) [0, 4]	(9) [0, 1]	(10) [0, 2]	(11) [0, 3]	(12) [0, 4]
	ALL	ALL	ALL	ALL	SOE	SOE	SOE	SOE	Non-SOEs	Non-SOEs	Non-SOEs	Non-SOEs
$Poll_{it}×PC\_Central_{it-1}$	0.009	0.004	0.012*	0.005	-0.007	-0.010	0.010	0.001	0.013**	0.008	0.013	0.006
	(1.584)	(0.604)	(1.646)	(0.664)	(-0.527)	(-0.665)	(0.633)	(0.047)	(2.213)	(1.060)	(1.590)	(0.702)
PC_Local_{it-1}	-0.001	-0.002	-0.004	-0.004	0.000	-0.000	-0.002	-0.003	-0.003	-0.004	-0.006	-0.006
	(-0.642)	(-0.773)	(-1.377)	(-1.351)	(0.047)	(-0.016)	(-0.406)	(-0.582)	(-1.073)	(-1.118)	(-1.490)	(-1.406)
$Poll_{it}×PC\_Local_{it-1}$	0.002	0.006	0.006	0.006	0.007	0.005	0.009	0.008	0.001	0.008	0.005	0.006
	(0.566)	(1.243)	(1.108)	(1.041)	(0.964)	(0.639)	(1.025)	(0.997)	(0.186)	(1.291)	(0.762)	(0.706)
Lev_{it-1}	-0.017**	-0.013	-0.014	-0.020*	-0.013	-0.010	-0.013	-0.014	-0.020*	-0.012	-0.010	-0.017
	(-2.211)	(-1.452)	(-1.352)	(-1.865)	(-1.108)	(-0.729)	(-0.918)	(-0.896)	(-1.906)	(-0.945)	(-0.669)	(-1.081)
ROA_{it-1}	0.023*	0.025	0.024	0.029	0.083***	0.099***	0.100***	0.108***	0.002	-0.002	-0.001	0.002
	(1.788)	(1.531)	(1.381)	(1.545)	(3.008)	(2.854)	(2.590)	(2.765)	(0.143)	(-0.108)	(-0.065)	(0.106)
$Sales\_Growth_{it-1}$	0.001	0.001	0.001	0.002*	0.000	-0.000	0.000	0.001	0.001	0.001	0.001	0.002
	(1.057)	(1.138)	(1.268)	(1.854)	(0.154)	(-0.208)	(0.045)	(0.347)	(0.958)	(1.142)	(1.076)	(1.300)
Age_{it-1}	-0.000**	-0.000**	-0.000**	-0.000**	-0.000*	-0.000	-0.000	-0.000	-0.000	-0.000	-0.000	-0.000
	(-2.253)	(-1.962)	(-2.070)	(-2.100)	(-1.708)	(-1.036)	(-0.880)	(-0.943)	(-0.419)	(-0.467)	(-0.979)	(-0.665)

续表

变量	(1)	(2)	(3)	(4)	(5)	(6)	(7)	(8)	(9)	(10)	(11)	(12)
事件窗口	[0, 1]	[0, 2]	[0, 3]	[0, 4]	[0, 1]	[0, 2]	[0, 3]	[0, 4]	[0, 1]	[0, 2]	[0, 3]	[0, 4]
	ALL	ALL	ALL	ALL	SOE	SOE	SOE	SOE	Non-SOEs	Non-SOEs	Non-SOEs	Non-SOEs
$Sales2GDP_{it-1}$	-0.375^{**}	-0.499^{***}	-0.589^{***}	-0.855^{***}	-0.291	-0.225	-0.322	-0.553^{**}	-0.094	-0.403^{*}	-0.470	-0.649^{**}
	(-2.533)	(-3.172)	(-3.160)	(-4.420)	(-1.388)	(-0.995)	(-1.260)	(-2.099)	(-0.426)	(-1.656)	(-1.589)	(-2.260)
$Emiss\_RDC_{it-1}$	0.050^{**}	0.020	0.041	0.059	0.064	0.023	0.087	0.075	0.034	0.006	-0.002	0.021
	(2.138)	(0.536)	(1.035)	(1.498)	(1.276)	(0.397)	(1.349)	(1.037)	(1.233)	(0.119)	(-0.040)	(0.422)
GDP_Growth_{it-1}	0.201	0.061	0.074	0.049	0.049	-0.205	-0.004	-0.021	0.426	0.522^{*}	0.402	0.386
	(1.005)	(0.247)	(0.340)	(0.190)	(0.189)	(-0.652)	(-0.014)	(-0.061)	(1.316)	(1.737)	(1.448)	(1.145)
Constant	-0.092^{***}	-0.090^{***}	-0.080^{***}	-0.092^{***}	-0.083^{**}	-0.046	-0.057	-0.045	-0.110^{***}	-0.142^{***}	-0.122^{***}	-0.149^{***}
	(-3.532)	(-2.821)	(-2.626)	(-2.651)	(-1.999)	(-0.947)	(-1.136)	(-0.813)	(-2.831)	(-3.603)	(-3.133)	(-3.286)
Observations	1 904	1 904	1 904	1 903	572	572	572	572	1 332	1 332	1 332	1 331
Adj R^2	0.027	0.029	0.033	0.040	0.076	0.068	0.078	0.092	0.015	0.018	0.019	0.018
Round	Yes	Yes	Yes	Yes	Yes	Yes	Yes	Yes	Yes	Yes	Yes	Yes
Province	Yes	Yes	Yes	Yes	Yes	Yes	Yes	Yes	Yes	Yes	Yes	Yes

注：***、**、*分别表示1%、5%、10%的统计显著水平。

成潜在威胁（Henderson，1990）。例如，一项即将出台的法规的消息可能会在正式宣布之前泄露出去（Jiang and Luo，2018）。在本章的研究中，结果不太可能受到信息泄漏的影响，原因有两个。

第一，对于中央环保督察制度的公布，我们仔细搜索了几个信息渠道，未能找到可能的泄密之处。具体来说，我们搜索了中央政府网站（www.gov.cn）和中国核心报纸全文数据库，该数据库收录了在中国内地正式出版的634份核心报纸，并限定关键词为"环保督察"、"环境保护"和"环保"。根据搜索结果，我们得出结论，在宣布中央环保督察方案之前，没有发生过信息泄露事件。2015年4月25日，《中共中央 国务院关于加快推进生态文明建设的意见》发布，这是"方案通过"前中央政府关于环境保护的最主要的信息披露。然而，该意见中并未提及环境执法方面的变化。鉴于中国对未经授权披露信息的严格监管，中央环保督察制度没有泄露也就不足为奇了。中国政府最高领导层的决策过程保密性较好，严格执行限制私人泄密的党内法规，降低了信息泄露的可能性。

第二，"实地督察"日期的CARs反映了由督察小组的实际执行而产生的市场反应，而不是关于即将到来的督察公告的信息。尽管如此，我们进行了补充回归分析，以考察泄露影响的程度。关于"实地督察"事件日，本章前面提到，一旦宣布每轮第一批次省级督察的开始日期（见表4-1），该轮其余要督察的省份的名称也将公开披露。因此，为了排除公告的影响，我们使用每批次督察的开始日期，而不是每个省督察的开始日期来对"实地督察"事件窗口的CARs进行重新估计，以研究信息提前泄露的影响。如果市场在此期间受到公告效应的推动，价格应该在每批次开始时迅速调整，因为即将到来的督察是众所周知的。另外，如果市场对实地督察做出反应，价格调整应该在每个省的督察开始时进行。表4-9报告了每轮开始时的关键结果（$Poll_{it}$的系数）。[①]与实际执行效果一致，在每轮开始后4天内，没有观察到任何具有经济或统计意义的市场反应；彼时，按照表4-1中的时间表，每批次督察中的大多数省份都接受了督察。

① 出于篇幅方面的考虑，我们只在报告主要研究结果的稳健性的表格中给出了表示污染企业（估计累计异常收益）的虚拟变量的系数。

表4-9　　以每批次开始日期为事件日时市场对中央环保督察的反应

VARIABLES Event Window	(1) [0, 1]	(2) [0, 2]	(3) [0, 3]	(4) [0, 4]	(5) [0, 1]	(6) [0, 2]	(7) [0, 3]	(8) [0, 4]	(9) [0, 1]	(10) [0, 2]	(11) [0, 3]	(12) [0, 4]
	ALL	ALL	ALL	ALL	SOE	SOE	SOE	SOE	Non-SOEs	Non-SOEs	Non-SOEs	Non-SOEs
$Poll_{it}$	0.000	0.001	-0.001	-0.006***	0.001	0.003	0.004	-0.003	-0.000	-0.000	-0.004	-0.007***
	(0.085)	(0.576)	(-0.722)	(-2.625)	(0.513)	(1.081)	(1.036)	(-0.736)	(-0.291)	(-0.083)	(-1.590)	(-2.769)
Observations	2 050	2 050	2 050	2 050	580	580	580	580	1 470	1 470	1 470	1 470
Adj R^2	0.043	0.046	0.046	0.031	0.077	0.076	0.070	0.051	0.041	0.044	0.047	0.030
Round	Yes	Yes	Yes	Yes	Yes	Yes	Yes	Yes	Yes	Yes	Yes	Yes
Province	Yes	Yes	Yes	Yes	Yes	Yes	Yes	Yes	Yes	Yes	Yes	Yes

注：***表示1%的统计显著水平。

在事件日期之前对“方案通过”和“实地督察”事件日窗口进行安慰剂测试。如果存在信息泄露，则更有可能发生在事件日期前不久，因为没有证据表明发生了更早的信息泄露。表4-10中的Panel A和Panel B分别报告了“实地督察”和“方案通过”的回归结果。$Poll_{it}$的系数在几乎所有窗口中都是不显著的，这进一步支持了我们的方法。

信息仍有可能以某种未能被我们发现的方式泄露。然而，这种泄露会使结果不利于检验我们的主要假设（H1）。如果存在信息泄露，市场会对信息的反应更早，进而弱化事件发生日的市场反应。在这种情况下，我们的结果会受到不利影响，并且在统计和经济上都会更加不显著。

4.4.2.2　中央环保督察VS环保部督察

为进一步探讨中央环保督察的影响，本章还尝试探讨在环保部主导下，市场对实地督察的反应。通过制度背景分析我们了解到，在中央环保督察制度出台之前，环境保护督察工作由环保部主导。环保部通过下设的六大区域督察中心对地方环保监管行为进行督察。如果市场在环保部督察下表现出类似或更显著的反应，就意味着中央环保督察没有预期的那样有效。需要注意的是，环保部主导的督察范围相对较窄，因为区域环保督察中心不是在全省范围内进行督察，而是针对市级、县级进行督察，所以涉及的公司较少。幸运的是，我们发现了一个与中央环保督察制度下的“实地督察”可比较的检查事件。2014年11月20日，严重的空气污染引发了环保部华北督察中心对其管辖范围内公司的全面检查。据我们所知，这是唯一一次在范围上可与新制度下的督察相近的多省检查。

更为有趣的是，环保部华北督察中心进行检查的时间安排（简称“NC事件”）为本章的研究结论提供了更进一步的支持。NC事件能够排除负面市场反应源于政治领导层的变化，而不是环境监测和执法方式的变化，这将进一步加强对结果的解释力度。本章的主检验所涉及的事件点（“实地督察”和“方案通过”），以及此处的NC事件点，都发生在以习近平同志为核心的党中央的领导之下。并且，这些事件都是在他提出了以环境可持续性为核心的“新常态”口号之后（Green and Stern，2015）。在NC事件点，市场已经意识到新领导人对环境管理的重视。因此，NC事件点和本章主检验之间的差异，能够更好地比较中央环保督察制度和环保部主导的区域督察制度。

表4-10 **事件日前的市场反应**

Panel A：实地督查												
变量 事件窗口	(1) [-5，-1]	(2) [-4，-1]	(3) [-3，-1]	(4) [-2，-1]	(5) [-5，-1]	(6) [-4，-1]	(7) [-3，-1]	(8) [-2，-1]	(9) [-5，-1]	(10) [-4，-1]	(11) [-3，-1]	(12) [-2，-1]
	ALL	ALL	ALL	ALL	SOEs	SOEs	SOEs	SOEs	Non-SOEs	Non-SOEs	Non-SOEs	Non-SOEs
$Poll_{it}$	-0.002	-0.002	-0.003*	-0.002	-0.001	-0.001	-0.003	-0.000	-0.002	-0.002	-0.003	-0.002
	(-0.914)	(-1.043)	(-1.674)	(-1.420)	(-0.345)	(-0.314)	(-0.905)	(-0.092)	(-0.707)	(-0.841)	(-1.414)	(-1.626)
Obs ervations	2 050	2 050	2 050	2 050	580	580	580	580	1 470	1 470	1 470	1 470
Adj R^2	0.018	0.032	0.029	0.016	0.074	0.079	0.063	0.041	0.016	0.022	0.019	0.012
Round	Yes	Yes	Yes	Yes	Yes	Yes	Yes	Yes	Yes	Yes	Yes	Yes
Province	Yes	Yes	Yes	Yes	Yes	Yes	Yes	Yes	Yes	Yes	Yes	Yes

Panel B：方案通过												
变量 事件窗口	(1) [-5，-1]	(2) [-4，-1]	(3) [-3，-1]	(4) [-2，-1]	(5) [-5，-1]	(6) [-4，-1]	(7) [-3，-1]	(8) [-2，-1]	(9) [-5，-1]	(10) [-4，-1]	(11) [-3，-1]	(12) [-2，-1]
	ALL	ALL	ALL	ALL	SOEs	SOEs	SOEs	SOEs	Non-SOEs	Non-SOEs	Non-SOEs	Non-SOEs
$Poll_{it}$	-0.001	-0.006	-0.003	0.003	0.000	-0.005	-0.003	0.005	-0.004	-0.008	-0.004	0.001
	(-0.251)	(-1.412)	(-0.924)	(1.027)	(0.010)	(-0.751)	(-0.455)	(1.154)	(-0.644)	(-1.541)	(-0.963)	(0.342)
Obs ervations	1 685	1 685	1 685	1 685	572	572	572	572	1 113	1 113	1 113	1 113
Adj R^2	0.030	0.038	0.072	0.128	0.042	0.048	0.070	0.142	0.026	0.041	0.068	0.112
Round	Yes	Yes	Yes	Yes	Yes	Yes	Yes	Yes	Yes	Yes	Yes	Yes
Province	Yes	Yes	Yes	Yes	Yes	Yes	Yes	Yes	Yes	Yes	Yes	Yes

注：*表示10%的统计显著水平。

表4-11报告了NC事件的结果。可以看出，$Poll_{it}$的系数估计在整个样本中并不显著。我们仍按照前面的方法将样本分为国有企业和非国有企业。在污染国有企业的3天事件窗口中发现了显著的（10%水平）负面市场反应，但在4天事件窗口中，显著性消失，系数幅度缩小，这表明环保部主导的区域督察影响有限。总体来说，结果表明，环保部督察制度没有产生像中央环保督察制度带来的那种程度的市场反应。对于非国有企业而言，在NC事件中没有发现显著的市场反应。

4.4.2.3　将样本限制在污染企业

作为补充的稳健性检查，本章将样本限制于污染企业，将“实地督察”发生时没有被检查的污染企业设置为控制组。为了进行CARs的评估，我们将模型4中的虚拟变量$Poll_{it}$替换为虚拟变量$Inspect_{it}$，该变量表示当i公司是此次“实地督察”的目标企业时，则$Inspect_{it}$取值为1，否则为0。我们进一步将控制组分为尚未检查的企业和已经检查的企业。这样做是出于对效果大小变化的考虑。具体来说，如果实地督察造成的市场价值下降是持续的，那么将正在接受检查的企业的市场表现与已经接受检查的企业的市场表现进行比较可能不会产生统计上显著差异的结果，CARs的估计将倾向于没有影响。检查日程的紧凑性（所有省份都在一个月内接受检查，许多省份在前一次检查后的几天内接受检查）加剧了这种担忧。

表4-12报告了检验的结果。当控制组包括所有未被检查的污染企业时，Panel A显示了CARs的回归结果；当控制组仅由已检查的企业组成时，Panel B显示了回归结果；当控制组仅包括尚未接受检查的企业时，Panel C显示了回归结果。从Panel A可以看出，在5天的事件窗口［0，4］内，所有被检查的污染企业以及国有企业的子样本都有显著的负面市场反应，不过，CARs的估计在绝对值上相对较小。

当控制组仅由已经被检查的企业组成时，检验结果与我们的预期一致，正在被督察的企业与已经被督察的企业之间没有差异。这表明，中央环保督察的效果具有持续性，督察后的企业价值变动不会恢复。Panel C中的结果在大小和显著性上更接近Panel A中的结果，并且与本章主检验结果大致相同。

表4-11 **环保部区域督察的市场反应**

变量 事件窗口	(1) [0, 1]	(2) [0, 2]	(3) [0, 3]	(4) [0, 4]	(5) [0, 1]	(6) [0, 2]	(7) [0, 3]	(8) [0, 4]	(9) [0, 1]	(10) [0, 2]	(11) [0, 3]	(12) [0, 4]
	ALL	ALL	ALL	ALL	SOEs	SOEs	SOEs	SOEs	Non-SOEs	Non-SOEs	Non-SOEs	Non-SOEs
$Poll_{it}$	0.001	-0.002	-0.004	-0.006	-0.006	-0.010*	-0.006	-0.005	0.006	0.002	-0.005	-0.008
	(0.286)	(-0.454)	(-0.612)	(-0.825)	(-1.653)	(-1.864)	(-0.734)	(-0.520)	(1.370)	(0.245)	(-0.683)	(-0.869)
Obs ervations	273	273	273	273	100	100	100	100	173	173	173	173
Adj R^2	-0.004	0.014	0.028	0.002	-0.025	0.254	0.324	0.147	0.008	-0.022	0.013	-0.000
Province	Yes	Yes	Yes	Yes	Yes	Yes	Yes	Yes	Yes	Yes	Yes	Yes

注*表示10%的统计显著水平。

表4-12 **污染企业的市场反应**

Panel A：控制组由已经检查和尚未检查的污染企业组成

变量 事件窗口	(1) [0，1]	(2) [0，2]	(3) [0，3]	(4) [0，4]	(5) [0，1]	(6) [0，2]	(7) [0，3]	(8) [0，4]	(9) [0，1]	(10) [0，2]	(11) [0，3]	(12) [0，4]
	All	All	All	All	SOE	SOE	SOE	SOE	Non-SOE	Non-SOE	Non-SOE	Non-SOE
$Inspect_{it}$	-0.001	0.000	-0.001	-0.003^{*}	-0.004^{*}	-0.005^{**}	-0.005^{*}	-0.007^{***}	0.001	0.002	-0.000	-0.001
	(-0.479)	(0.193)	(-0.893)	(-1.730)	(-1.838)	(-2.113)	(-1.955)	(-2.659)	(0.530)	(1.576)	(-0.003)	(-0.583)
Obs ervations	13 764	13 761	13 759	13 757	4 439	4 437	4 436	4 435	9 325	9 324	9 323	9 322
Adj R^2	0.010	0.010	0.020	0.032	0.026	0.025	0.049	0.077	0.005	0.007	0.010	0.016
Round	Yes	Yes	Yes	Yes	Yes	Yes	Yes	Yes	Yes	Yes	Yes	Yes
Province	Yes	Yes	Yes	Yes	Yes	Yes	Yes	Yes	Yes	Yes	Yes	Yes

续表

Panel B：控制组由已经检查过的污染企业组成

变量 事件窗口	(1) [0, 1]	(2) [0, 2]	(3) [0, 3]	(4) [0, 4]	(5) [0, 1]	(6) [0, 2]	(7) [0, 3]	(8) [0, 4]	(9) [0, 1]	(10) [0, 2]	(11) [0, 3]	(12) [0, 4]
	All	All	All	All	SOE	SOE	SOE	SOE	Non-SOE	Non-SOE	Non-SOE	Non-SOE
$Inspect_{it}$	0.001	0.003**	0.001	-0.000	-0.000	-0.000	-0.000	-0.003	0.001	0.004***	0.002	0.001
	(0.857)	(2.071)	(0.945)	(-0.092)	(-0.033)	(-0.200)	(-0.080)	(-0.978)	(0.949)	(2.635)	(1.090)	(0.464)
Obs ervations	7 433	7 431	7 430	7 429	2 412	2 411	2 411	2 411	5 021	5 020	5 019	5 018
Adj R^2	0.021	0.021	0.037	0.055	0.041	0.040	0.074	0.103	0.010	0.013	0.019	0.030
Round	Yes	Yes	Yes	Yes	Yes	Yes	Yes	Yes	Yes	Yes	Yes	Yes
Province	Yes	Yes	Yes	Yes	Yes	Yes	Yes	Yes	Yes	Yes	Yes	Yes

续表

Panel C：控制组由尚未接受检查的污染企业组成

变量 事件窗口	(1) [0，1]	(2) [0，2]	(3) [0，3]	(4) [0，4]	(5) [0，1]	(6) [0，2]	(7) [0，3]	(8) [0，4]	(9) [0，1]	(10) [0，2]	(11) [0，3]	(12) [0，4]
	All	All	All	All	SOE	SOE	SOE	SOE	Non-SOE	Non-SOE	Non-SOE	Non-SOE
$Inspect_{it}$	-0.001	-0.001	-0.003*	-0.004***	-0.005**	-0.006**	-0.006*	-0.007**	0.001	0.001	-0.002	-0.003*
	(-1.081)	(-0.747)	(-1.828)	(-2.655)	(-2.350)	(-2.199)	(-1.967)	(-2.311)	(0.354)	(0.746)	(-0.885)	(-1.696)
Obs ervations	7 037	7 036	7 035	7 033	2 251	2 250	2 249	2 248	4 786	4 786	4 786	4 785
Adj R^2	0.003	0.007	0.010	0.016	0.022	0.032	0.040	0.069	0.003	0.010	0.010	0.010
Round	Yes	Yes	Yes	Yes	Yes	Yes	Yes	Yes	Yes	Yes	Yes	Yes
Province	Yes	Yes	Yes	Yes	Yes	Yes	Yes	Yes	Yes	Yes	Yes	Yes

注：***、**、*分别表示1%、5%、10%的统计显著水平。

4.4.2.4　学习效应

尽管在"实地督察"日期的CARs反映了督察产生的实际监管成本，但它们也可能反映了学习效应。表4-1显示，总共有19个检查日期。由于督察并非同时进行，不同省份督察时间的差异，使得尚未被督察的企业能够从已经完成的督察中收集信息，并进行策略调整。例如，第三批次中的企业可能已经从第一批次和第二批次中被检查的企业那里学到了一些关于该过程的有价值的东西。同样，处于相同批次中不同小组的省份之间，也可能存在类似的效应。比如，某批次中尚未被督察的企业，可以从同一批次中已经被督察的同行那里获得相关信息。

从表面来看，如果学习效应存在，那么伴随着督察的推进，在不同批次间和相同批次内不同组间，督察的影响应该越来越小。但是，学习效应以中央环保督察的力度保持不变为前提条件，督察小组亦可通过学习效应随着检查的进行而加强执法。比如，督察小组可能从已经完成督察的企业获取信息，从而强化实施下一步督察监管。在这种情况下，中央政府可能会逐步增强督察的力度，以抵消企业学习效应的影响。这可能导致更加负面的市场反应。为了考察学习效应，我们针对批次虚拟变量、组别虚拟变量及它们之间的交互作用构建了模型7（Eq.7）。

$$
\begin{aligned}
CAR_{it} = {} & \beta_0 + \beta_1 \times Poll_{it} + \beta_2 \times Not\_Round1 + \beta_3 \times Not\_Group1 + \beta_4 \times \\
& Not\_Round1 \times Not\_Group1 + \beta_5 \times Poll_{it} \times Not\_Round1 + \beta_6 \times Poll_{it} \\
& \times Not\_Group1 + \beta_7 \times Poll_{it} \times Not\_Round1 \times Not\_Group1 + Controls \qquad (Eq.7) \\
& + \sum_{j=1}^{3} \beta_{7+j} \times Round_j + \sum_{p=1}^{29} \beta_{12+p} \times Province_p + \varepsilon_{it}
\end{aligned}
$$

Not_Round1和Not_Group1用于分别检测不同批次和不同组别之间的差异。如果企业在第一批次未被检查，则Not_Round1取值为1，否则为0；如果企业没有在第一组中被检查，则Not_Group1取值为1，否则为0。在模型7（Eq.7）中，我们使用全部样本公司数据进行回归分析。

表4-13报告了估计的结果。Not_Round1×Not_Group1由于与省虚拟变量的共线性而被自动忽略。$Poll_{it}$×Not_Group 1的系数在4个事件窗口中的3个窗口中均为正且显著，绝对值略小于$Poll_{it}$的系数，这表明在第一批次省份的污染企业中，在后几组中接受检查的企业比第一组中的同行经历了

更小的负面市场反应。[①]然而，在后几批次（Not_Round1）中被检查的污染企业，其 $Poll_{it}$×Not_Round1 和 $Poll_{it}$×Not_Round1×Not_Group1 的系数之和为负，这表明在后几批次中被督察的企业比在第一批次中被督察的企业得到更为负面的市场反应，这可能是由于执法力度的加强。同样，$Poll_{it}$×Not_Round1 和 $Poll_{it}$×Not_Round1×Not_Group1 的系数之和为负，表明在后几批次和后几组（Not_Group1）中被检查的公司比在第一批次后几组中被检查的同行遇到了更大的市场价值下降情形。

表4-13　　**不同批次、不同组别之间的学习效应检验**

变量 事件窗口	(1) [0, 1]	(2) [0, 2]	(3) [0, 3]	(4) [0, 4]
	all	all	all	all
$Poll_{it}$	−0.018**	−0.071***	−0.081***	−0.035
	(−2.465)	(−2.967)	(−4.036)	(−1.477)
$Poll_{it}$×Not_Round1	0.018**	0.074***	0.082***	0.035
	(2.210)	(3.036)	(3.943)	(1.456)
$Poll_{it}$×Not_Group1	0.014*	0.069***	0.075***	0.027
	(1.760)	(2.834)	(3.668)	(1.142)
$Poll_{it}$×Not_Round1×Not_Group1	−0.021**	−0.079***	−0.087***	−0.041*
	(−2.300)	(−3.212)	(−4.076)	(−1.679)
Not_Round1	0.002	0.000	−0.004	−0.002
	(0.311)	(0.033)	(−0.427)	(−0.186)
Not_Group1	−0.005	0.003	−0.002	0.001
	(−0.784)	(0.386)	(−0.250)	(0.098)
Constant	−0.058***	−0.061***	−0.051**	−0.061**
	(−2.952)	(−2.614)	(−2.070)	(−2.310)
Obs ervations	2 050	2 050	2 050	2 049
Adj R^2	0.025	0.027	0.033	0.036
Round	Yes	Yes	Yes	Yes
Province	Yes	Yes	Yes	Yes

注：***、**、*分别表示1%、5%、10%的统计显著水平。

作为对各批次检查中市场反应的最终评估，我们重新回归了模型4（Eq.4），但将样本分成了几批次。表4-14报告了每一批次的OLS回归结果。结果显示，第一批次和第二批次的市场反应较小，第三批次和第四批次的市场反应要强烈得多，这表明随着时间的推移，环境执法将更加严格。

① 对于四个事件窗口，$Poll_{it}$×Not_Group1 和 $Poll_{it}$ 上的系数之和分别为−0.004、−0.002、−0.006和−0.007，相应的标准误差为0.003、0.004、0.004和0.004。只有最后一个（对应［0，4］事件窗口）在10%的水平上具有统计意义。

表4-14　**不同批次的中央环保督察效果检验**

变量	Round=1				Round=2				Round=3				Round=4			
事件窗口期	(1) [0, 1]	(2) [0, 2]	(3) [0, 3]	(4) [0, 4]	(5) [0, 1]	(6) [0, 2]	(7) [0, 3]	(8) [0, 4]	(9) [0, 1]	(10) [0, 2]	(11) [0, 3]	(12) [0, 4]	(13) [0, 1]	(14) [0, 2]	(15) [0, 3]	(16) [0, 4]
$Poll_{it}$	-0.004	-0.003	-0.007*	-0.008*	-0.002	-0.004	-0.005	-0.008**	-0.008**	-0.009**	-0.012**	-0.012**	-0.007***	-0.007**	-0.011***	-0.014***
	(-1.307)	(-0.850)	(-1.839)	(-1.786)	(-0.692)	(-1.280)	(-1.547)	(-2.302)	(-2.498)	(-2.095)	(-2.532)	(-2.392)	(-2.957)	(-2.538)	(-3.530)	(-4.183)
Obs ervations	377	377	377	377	745	745	745	745	344	344	344	343	584	584	584	584
Adj R^2	-0.008	-0.003	0.005	0.002	0.057	0.035	0.049	0.054	0.045	0.032	0.029	0.024	0.042	0.040	0.061	0.077
Province	Yes	Yes	Yes	Yes	Yes	Yes	Yes	Yes	Yes	Yes	Yes	Yes	Yes	Yes	Yes	Yes

注：***、**、*分别表示1%、5%、10%的统计显著水平。

4.5 小结

为了衡量新督察制度的有效性，本章使用市场反应作为加强监管成本的代理变量。实证检验结果表明，当中央环保督察小组进行实地督察时，被督察地区的污染行业企业出现显著的负面市场反应。实证检验结果还表明，无论是企业规模、过度投资还是政治关联都不会降低督察的预期效果。相反，实证研究发现，规模较大的污染企业因督察而遭受较大的市场损失。总体来说，本章的实证结果表明，中央环保督察制度有可能改善中国的环境保护状况。提高环境监管有效性的一种方法是明确规定地方官员的晋升取决于地方环境绩效目标的实现，许多省份颁布的“不安全就不晋升”的职业安全政策就说明了这种情况（Fisman and Wang，2015）。这样做将使地方官员的激励措施与中央政府改善中国环境成果的新重点达成一致。

第 5 章

环境保护监管、市场化治理和投资者反应

本章使用事件研究法研究投资者的市场反应，间接考察政府监管强化和市场化治理之间的关系。政府和市场的关系，是我国深化改革过程中的核心问题。中央环保督察属于政府强化监管的行为，这对市场化治理会产生怎样的影响？市场化治理是否能够降低政府监管的强度，从而降低企业承担的环境治理成本？在环境问题上，市场化治理和政府监管之间的关系在不同的条件下，是否存在差距？这些问题的答案有助于更为全面地理解中央环保督察政策。研究发现，受制于制度环境，只有在特定条件下市场化治理才能有限地替代政府监管。

5.1 研究假设

在理论上，对于环境治理问题，政府主导的监管行为和市场化的监管行为都会产生预期的效果。在环境治理过程中，政府监管包括制定更为严格的环境保护标准和推行更为严格的环境执法行动；而市场化的监管行为主要是利用司法诉讼等非行政的力量推动环境治理水平逐步提高。在新古典经济学理论中，政府只有在市场失灵的时候才会介入——当市场化治理无法解决环境问题时，政府以监管方法对环境污染问题进行干预。因此，

在理论上，政府监管和市场化治理并行不悖，是解决同一问题的两种方法。

虽然，政府监管和市场化治理都可以作为治理环境污染的手段，但是具体的制度环境将决定哪种方法更具优势。因此，针对环境问题，分析政府监管和市场化治理的关系，必须考虑两种治理手段发挥作用的条件。在理想状态下，市场化治理和政府监管所需要的条件都具备，那么两者具有相同的效率和效果；在这种情况下，两者之间属于替代关系：任何一种方法都足以解决环境污染问题。如果市场化治理和政府监管所需条件并不充分，那么获得制度环境支持较为充分的方法，将在环境治理过程中发挥出更大的效果。从制度条件来看，市场化治理需要健全的法治环境，从而便于各方群体提请诉讼进而推动环境问题的解决；而政府监管需要具备充分的行政资源和公正的执法态度，以确保政府监管避免被“俘获”，得到充分执行。

从制度环境来看，与市场化治理相比，政府监管能够更为有效地解决环境污染问题。首先，我国现阶段仍处在法治环境不断完善的进程中（Wong，2016），尚缺少高效的环境治理司法体系。虽然，Zhang et al.（2019）发现设立环保法庭有助于推动环境保护的治理效果，但是环保法庭尚未实现全面覆盖，这意味着市场化治理仅在部分区域内能够发挥作用。环境污染问题具有显著的外部性，极易形成跨区域的污染现象。仅依靠局部地区的市场化治理难以从根本上解决环境污染问题。其次，在我国的现行体制下，中央政府拥有足够的行政权力和资源，能够确保政府监管达到预期效果。在我国，中央政府对地方政府拥有绝对的权威，这意味着中央政府的监管能够有效地突破地方保护行为，而地方保护主义正是导致我国环境问题的重要因素。更为重要的是，中央政府监管行为覆盖全国范围，能够有效地应对环境污染的外部性。此外，中央政府拥有的财政资源也是确保政府监管行为更为有效的前提条件。Jackson and Roe（2009）指出，在此前的研究（Djankov et al.，2008）中，政府缺少足够的财政资源投入，导致了监管没有发挥预期效果。在现行体制下，中央政府依托充分的财政资源作为保证，确保了政府强化监管的行为能充分发挥治理效应。根据上述分析，在现有制度背景下，政府监管比市场化治理更能有效地解决环境污染问题，两者之间并非等效的替代关系。据此，本章提出假设1：

H1：政府强化监管与市场化治理手段不存在替代效应。

政府监管与市场化治理之间的关系，从根本上说取决于制度环境。从企业层面来看，国有企业和非国有企业存在制度上的差异。一方面，在现行的司法体系中，国有企业仍然处于优势地位，在诉讼过程中更容易获得胜诉（Lu et al.，2015；Firth et al.，2011），这意味着市场化治理的手段难以对国有企业产生影响。非国有企业则面临更加市场化的环境，市场化治理手段能够有效地推动非国有企业解决环境污染问题。另一方面，中央政府强化监管的主要目标在于破除地方保护主义，而现有文献表明，地方国有企业更容易获得当地政府在环境污染问题上的纵容。与地方国有企业相比，民营企业与地方政府之间的关系较为疏离，获得当地政府的庇护有限。因此，中央政府强化监管的主要目标是地方国有企业。在这种情况下，在国有企业中，政府监管比市场化治理更容易发挥作用，因此两者之间并非等效的替代关系。但是，在非国有企业中，市场化治理能够较好地发挥作用，并且政府监管的重点并不在此，因此市场化治理能够降低政府监管的成本。据此，本章提出假设2：

H2a：在国有企业中，政府强化监管与市场化治理手段不存在替代效应。

H2b：在非国有企业中，政府强化监管与市场化治理手段存在替代效应。

5.2　研究方法与实证模型

5.2.1　研究方法的选择

为了考察市场化治理和政府监管之间的关系，需要度量政府监管事件，同时关注具有良好市场化治理效果的企业反应。因此，研究方法的选择需要确定政府监管事件和良好市场化治理两个关键因素。

在政府监管事件要素上，本章选择“方案通过”日作为事件时点。这主要是由于在“方案通过”日中央环保督察制度消息首次披露。作为不同治理手段之间的比较，选择“方案通过”日的市场反应，能够更好地从整体上反映政府监管产生的影响。相比之下，“实地督察”日更多地反映政府监管执行的力度，侧重于制度的执行效果，而非制度本身的影响。更为重要的是，第4章的研究表明，中央环保督察的执行力度并非始终不变，中央政府会根据各方面因素（比如被督察企业的反应），在实地督察过程中调整执行力度。因此，采用“实地督察”日不能准确捕捉制度本身的影响，不便于不同方法之间的比较。

在市场化治理水平上，本章选择强制性社会责任报告披露作为度量指标。2008年12月，上海证券交易所和深圳证券交易所发布《关于做好上市公司2008年年度报告工作的通知》，首次强制部分上市公司对外披露社会责任报告。上海证券交易所要求披露社会责任报告的上市公司包括：公司治理指数成分公司、金融行业公司和海外上市公司。深圳证券交易所要求强制披露社会责任报告的上市公司为深证100指数成分公司。根据相关规定，环境保护信息是社会责任报告的重要组成部分。

选择强制性社会责任报告披露作为市场化治理的度量指标，主要从以下几方面考虑：首先，市场化治理由企业外部的利益相关者主导，比如非营利组织和企业所在地区居民等；市场化治理方式需要获取企业运营信息，特别是与环境相关的企业运营信息。处于企业外部的利益相关者，无法获得企业内部经营活动的相关信息，因此开展市场化治理的难度较大。社会责任报告是在现有报告体系之外增加的报告内容，能够提升外部利益相关者拥有的信息水平。特别地，社会责任报告中包含与环境相关的部分，这将有助于降低外部利益相关者的信息不对称水平，从而推动市场化治理手段的应用。其次，强制性披露能够克服内生性的影响。与自愿性披露不同，强制性披露来自交易所要求，属于外生性事件，与企业自身的环境问题严重与否没有任何关联。而自愿性披露来自企业自身的决策，并未受到交易所的强制。在自愿性披露的决策过程中，企业会根据自身的情况来决定是否对外披露相关信息。因此，自愿性披露可能与企业本身环境问题的存在相关联。比如，企业在经营过程中较为重视环境污染，从而取得了较好的环境治理效果。在这种情况下，企业可能更倾向于自愿对外披露社会责任报告，对外展示其主动承担社会责任的形象。但是，此时的环境治理效果并非来自外部的市场化治理，而可能是由企业自身特征决定的。采用自愿性社会责任报告披露，会将环境治理问题的改善错误地归结于市场化治理，从而高估市场化治理手段的效果。采用强制性社会责任报告披露，可以较为准确地度量公司信息环境的变化，对于市场化治理手段的度量较为准确。最后，现有的学术研究已经发现，强制性信息披露能够发挥出较好的环境治理效果。比如，Chen et al.（2018）发现强制性社会责任报告制度实施后，企业所在地的环境污染状况得到了有效改善。Christensen et al.（2017）发现在美国强制性披露煤矿死亡人数后，煤矿安全程度得到大幅度提升。这些证据都表明，强制性社会责任报告的披露有助于市场化治理手段的推行。

5.2.2 实证模型

为了考察市场化治理和政府监管的差异，本章构建模型1（Eq.1）。在模型1（Eq.1）中，“方案通过”日的市场超额收益率CAR_{it}作为因变量，度量政府监管强化带来的企业环境成本增加水平。CAR_{it}的计算方法与第4章完全相同，此处不再赘述。Man_CSR_{it-1}是度量上市公司是否强制性披露社会责任报告的虚拟变量，作为市场化治理效果的度量指标。根据理论分析和第4章的实证结果，中央政府通过环保督察强化对地方政府的监督，将提升企业的环境治理成本。因此，CAR_{it}在“方案通过”日显著为负，反映未来环境成本的增长对公司价值的影响。如果市场化治理与政府监管之间存在替代效应，市场化治理较好的企业能在环保督察过程中承担较少的监管成本，那么Man_CSR_{it-1}的回归系数（即β_1）显著为正。与第4章相同，模型1（Eq.1）还控制了企业特征和省份特征，具体变量和定义详见表5-1。为了检验假设H2，本章将区分国有企业和非国有企业，分别对模型1（Eq.1）进行回归分析。根据理论分析，本章预期Man_CSR_{it-1}的回归系数在国有企业和非国有企业之间将表现出差别。具体而言，我们预期在国有企业样本中，β_1并不显著；在非国有企业样本中，β_1显著为正。

$$CAR_{it} = \beta_0 + \beta_1 \times Man\_CSR_{it-1} + \beta_2 \times Size_{it-1} + \beta_3 \times Lev_{it-1} + \beta_4 \times ROA_{it-1} + \beta_5 \times Sales\_Growth_{it-1} + \beta_6 \times Age_{it-1} + \beta_7 \times Sale2GDP_{it-1} + \beta_8 \times Emiss\_Rdc_{it-1} + \beta_9 \times GDP\_Growth_{it-1} + \sum_{j=1}^{3} \beta_{9+j} \times Round_j + \sum_{p=1}^{29} \beta_{12+p} \times Province_p + \varepsilon_{it} \quad (Eq.1)$$

虽然采用强制性披露社会责任报告通过Man_CSR_{it-1}度量市场化治理水平具有诸多优点，但是可能存在的问题在于社会责任报告披露并不是随机的。具体而言，无论是上海证券交易所还是深圳证券交易所，在确定社会责任报告的披露主体时，都选择了某类指数的成分公司。通常而言，这些公司都具有市值较高、流动性较强、收益水平较高等特征。这些公司层面的特质性因素也可能会对环境治理效果产生影响。

为了避免上述问题可能对研究结论产生的影响，本章采用“倾向匹配得分法”（Propensity Score Matching）对强制性披露社会责任报告的公司进行匹配。参照Chen et al.（2018）的方法，本章构造模型2（Eq.2）。在模型2（Eq.2）中，Man_CSR_{it-1}作为因变量，而可能影响公司成为监管对象的公司特征指标作为自变量。这些公司特征指标包括公司市值、换手率和政治关联水平等。模型2（Eq.2）各变量的定义详见表5-1。

$$Man\_CSR_{it-1} = \beta_0 + \beta_1 \times MV_{it-1} + \beta_2 \times Turnover_{it-1} + \beta_3 \times Return_{it-1} + \beta_4 \times ROE_{it-1} + \beta_5 \times Analyst_{it-1} + \beta_5 \times State\_Onwership_{it-1} + \beta_5 \times Political\_Connection_{it-1} + \beta_5 \times Poll_{it-1} + \sum Ind + \varepsilon \quad (Eq.2)$$

表5-1 **变量名称和定义表**

变量名称	定义
因变量	
CAR_{it}	使用市场模型的事件日期前后累积异常回报
自变量	
Man_CSR_{it}	强制性披露社会责任报告的虚拟变量。按照上海证券交易所或深圳证券交易所的要求，公司需要披露社会责任报告时取值为1，否则为0
$Size_{it-1}$	t-1年公司i总资产的自然对数
$Sales2GDP_{it-1}$	公司i在t-1年的销售额，除以公司i注册省份t-1年的GDP。衡量公司对当地政府的重要性

续表

变量名称	定义
Lev_{it-1}	负债水平，i公司t-1年总负债除以t-1年总资产
ROA_{it-1}	总资产收益率，i公司t-1年净利润除以t-1年的总资产
Age_{it-1}	截至t-1年，公司i上市的年数
$Sales\_Growth_{it-1}$	销售增长，计算公司i从t-2年到t-1年的销售增长百分比
$Emiss\_Rdc_{it-1}$	t-1年，公司i所在省份过去3年的气体减排
GDP_Growth_{it-1}	t-1年，公司i所在省份的国内生产总值增长
Province effects	省份虚拟变量
MV_{it-1}	公司i在t-1年年末市值的自然对数
$Turnover_{it-1}$	公司i股票在t-1年的换手率
$Return_{it-1}$	公司i在t-1年的年度股票回报
ROE_{it-1}	净资产收益率，i公司t-1年净利润除以t-1年的净资产
$Analyst_{it-1}$	在t-1年，跟踪公司i的分析师数量
$State\_Ownership_{it-1}$	t-1年度公司i股权结构中国有股持股比例
$Political\_Connection_{it-1}$	政治关联虚拟变量，如果i公司的董事长或总经理是或曾经是政府或政府下属机构的官员，则取值为1，否则为0
$Poll_{it-1}$	污染企业虚拟变量，如果公司i属于生态环境部确认的污染行业，则取值为1，否则为0。生态环境部分类的污染行业包括：（1）冶金；（2）化工；（3）石化；（4）煤炭；（5）火电；（6）建材；（7）造纸；（8）酿酒；（9）制药；（10）发酵；（11）纺织；（12）皮革；（13）矿业
Industry effects	行业虚拟变量

倾向匹配得分法具体实施程序如下：本章首先采用全样本数据对模型2（Eq.2）按照Logit方法进行回归。然后，按照1：1的比例对强制性披露社会责任报告公司进行“最近邻”匹配。在匹配过程中，采用“无放回”（no replacement）的方法，并且在10%水平上控制误差。在获得匹配样本后，本章将利用匹配后的样本对模型1（Eq.1）进行回归，以克服监管对

象自身特征的影响。

5.3 描述性统计与组间差距比较

5.3.1 数据和描述性统计

本章样本包括在上海证券交易所和深圳证券交易所上市的所有非金融公司。本章将中央政府控制的中央国有企业排除在外，在“方案通过”日，中央环保督察仅限于地方政府，尚未将中央政府纳入其中。由于不同的会计制度和监管原则，金融公司被排除在外，与事件日在同一年首次公开发行（IPO）的公司被从样本中剔除。从整体上来看，数据筛选程序与第4章基本相同，但是模型2（Eq.2）需要社会责任报告相关数据支持，本章样本原始数据观测值比第4章略有下降。表5-2列示了主要控制变量的描述性统计表。在表5-2中，Panel A报告了全样本的控制变量的描述性统计情况。从整体上来看，除了样本数量因数据可获得性略有减少外，表5-2中Panel A的控制变量与第4章基本保持一致。

表5-2 主要控制变量描述性统计

Panel A：全样本描述性统计						
变量	样本数	最小值	最大值	均值	中位数	标准差
$Size_{it-1}$	1 698	19.288	25.304	22.010	21.874	1.196
Lev_{it-1}	1 698	0.000	0.459	0.087	0.046	0.099
Age_{it-1}	1 698	2.000	22.000	10.131	9.000	6.544
ROA_{it-1}	1 698	−0.147	0.190	0.037	0.032	0.050
$Sales\_Growth_{it-1}$	1 698	−0.592	2.771	0.156	0.083	0.436
$Sales2GDP_{it-1}$	1 698	0.000	0.032	0.002	0.001	0.005
$Emiss\_RDC_{it-1}$	1 698	−0.043	0.248	0.128	0.120	0.070
GDP_Growth_{it-1}	1 698	0.008	0.129	0.080	0.084	0.018

续表

Panel B：匹配样本描述性统计						
变量	样本数	最小值	最大值	均值	中位数	标准差
$Size_{it-1}$	358	19.927	25.304	22.927	22.902	1.114
Lev_{it-1}	358	0.000	0.459	0.123	0.093	0.110
Age_{it-1}	358	2.000	22.000	12.338	13.000	5.892
ROA_{it-1}	358	−0.147	0.190	0.042	0.031	0.045
$Sales\_Growth_{it-1}$	358	−0.592	2.771	0.136	0.082	0.335
$Sales2GDP_{it-1}$	358	0.000	0.032	0.004	0.001	0.007
$Emiss\_RDC_{it-1}$	358	−0.043	0.248	0.126	0.122	0.077
GDP_Growth_{it-1}	358	0.008	0.129	0.081	0.084	0.020

在研究方法上，为了克服强制性社会责任报告可能导致的样本偏差，本章将采用“倾向匹配得分法”选择匹配样本。表5-3报告了采用Logit进行匹配的结果。在表5-3中，第（1）部分是采用全样本数据对模型2（Eq.2）进行回归的结果。从回归结果来看，强制性披露社会责任报告的公司与其他公司存在显著差异。MV_{it-1}的回归系数为正，$Return_{it-1}$的回归系数显著为负，且两者均在1%的统计水平上保持显著；同时，$State_Ownership_{it-1}$的回归系数在5%的统计水平上显著为正。这表明，强制性披露社会责任报告的公司，市值和国有股比例更高，收益率更低。采用全样本数据回归的Pseudo R^2为31%，说明该模型所包含的变量能在一定程度上解释公司是否被强制披露社会责任报告。

表5-3中的第（2）部分是采用匹配后的样本重新对模型2（Eq.2）进行回归的结果。在第（2）部分中，所有的变量都不显著。同时，Logit模型的Pseudo R^2也大幅度下降，仅为0.0274。这表明，匹配过程较好地消除了强制披露社会责任报告的公司与其他公司之间的差异。值得注意的是，倾向匹配得分法在消除差异的同时，也大幅度减少了样本的数量。因为，强制性披露社会责任报告的公司的数量较少，而本章采用1∶1比例进行匹配，并且控制了偏离程度，这导致了样本数量大幅度缩减。

表5-3　　“倾向匹配得分法”Logit回归结果

VARIABLES	(1)	(2)
	全样本	匹配样本
MV_{it-1}	1.820***	-0.179
	(13.27)	(-0.87)
$Turnover_{it-1}$	0.016	0.009
	(0.44)	(0.18)
$Return_{it-1}$	-0.859***	-0.073
	(-3.94)	(-0.24)
$Poll_{it-1}$	-0.129	0.607
	(-0.19)	(0.72)
$State\_Ownership_{it-1}$	1.554**	-0.829
	(2.04)	(-0.89)
ROE_{it-1}	0.027	-0.896
	(0.27)	(-0.64)
$Analyst_{it-1}$	-0.104	0.103
	(-1.02)	(0.65)
$Political\_Connection_{it-1}$	0.088	0.143
	(0.46)	(0.57)
Constant	-42.747***	5.132
	(-13.29)	(1.07)
Industry	Yes	Yes
Observations	1 636	355
Pseudo R^2	0.315	0.0274

注：***、**分别表示1%、5%的统计显著水平。

表5-2的Panel B列示了匹配样本的控制变量描述性统计。不难发现，与Panel A相比，Panel B中公司规模、负债水平和上市时间等变量的平均值都有所增长。这也是匹配程序造成的结果。强制性披露社会责任报告的公司，多数为指数成分公司，这类公司规模较大，成立时间较长，负债比例较高。按照1∶1比例配比后，匹配样本的特征将呈现与指数成分公司相似的结果。Panel B的结果也表明匹配程序较为成功。

5.3.2　组间差异比较

表5-4列示了在“方案通过”日市场反应的组间差异。Panel A列示了采用全样本进行组间差异比较的结果。根据Panel A，在事件窗口日，非强制性披露社会责任报告的公司的市场反应均为负，并且呈现逐渐下滑的态势；而强制性披露社会责任报告的公司的市场反应均为正，且呈逐步上升的态势。更为重要的是，两组之间的差异始终保持显著。从表面上看，这可能说明在新的政府监管措施下，强制性披露社会责任报告的公司会承担较低的成本。作为市场化治理的度量指标，强制性社会责任报告披露对“方案通过”日的影响，可以被理解为市场化治理和政府监管之间存在替代关系。

但是，正如前面分析的那样，由于强制性社会责任报告披露并不是随机的，因此，可能是强制性披露社会责任报告的公司具有某些特殊性，从而导致了这种现象。表5-4中的Panel B证实了这种观点。Panel B报告了采用匹配样本进行组间差异检验的结果。在匹配样本中，强制性披露社会责任报告的公司的市场反应，与全样本情形基本保持一致；而非强制性披露社会责任报告的公司的市场反应则出现较大变化，在全部时间窗口期均为正，与全样本情形呈现出较大差异。更为重要的是，在匹配样本中，虽然强制性披露社会责任报告的公司的市场反应仍然高于非强制性披露社会责任报告的公司，但是组间差异的显著性消失。这表明，此前观测到的差异，可能是由于公司特征差异造成的。在匹配后，由于公司特征差异消失，组间差异也随之消失。

表5-5列示了控制变量的组间差异比较分析结果。与表5-4相同，表5-5中的Panel A和Panel B分别列示了全样本和匹配样本在控制变量上

表5-4　　市场反应组间差异比较（全样本和匹配样本）

事件窗口期	Panel A：全样本					Panel B：匹配样本				
	非强制性披露		强制性披露		组间差异	非强制性披露		强制性披露		组间差异
	样本数	均值	样本数	均值		样本数	均值	样本数	均值	
[0, 1]	1 457	-0.005	241	0.005	-0.011**	179	0.001	179	0.006	-0.005
[0, 2]	1 457	-0.007	241	0.011	-0.018***	179	0.001	179	0.012	-0.011
[0, 3]	1 444	-0.014	241	0.036	-0.050***	176	0.014	179	0.025	-0.011
[0, 4]	1 419	-0.011	239	0.038	-0.049***	174	0.018	177	0.023	-0.005

注：***、**分别表示1%、5%的统计显著水平。

的差异。Panel A的结果证明了进行匹配的必要性。在Panel A中，除了省级层面特征外，在所有公司层面的特征中，强制性披露社会责任报告的公司和非强制性披露社会责任报告的公司之间均存在显著差异。与非强制性披露社会责任报告的公司相比，强制性披露社会责任报告的公司的规模更大、负债水平更高、上市时间更长、盈利能力更强、占当地GDP比重更高。与研究方法部分和描述性统计部分的担忧相同，是否强制性披露社会责任报告的公司在诸多公司层面特征上都存在显著的差异。这也表明了进行样本匹配的必要性。

表5-5中的Panel B列示了匹配样本的组间比较差异。根据Panel B，除了公司资产规模$Size_{it-1}$之外，所有控制变量的组间差异都不再显著。除了统计意义的显著性外，组间差异的经济意义显著性也大幅度下降。在Panel B中，所有控制变量的差异在经济意义上都出现了显著缩小。比如，在全样本中，强制性披露社会责任报告的公司与非强制性披露社会责任报告的公司的资产规模$Size_{it-1}$分别为23.396和21.781，差距为1.615。在匹配样本上，两者的资产规模平均值分别为23.062和22.792，差距下降为0.270。虽然在匹配后强制性披露社会责任报告的公司资产规模和非强制性披露社会责任报告的公司资产规模仍然存在显著差距，但是差距已经大幅度缩小。这也表明，本章样本匹配过程成功地消除了不同组别之间的差异，达到了预期的目的。

表5-5 **控制变量组间差异比较**

变量	Panel A：全样本					Panel B：匹配样本				
	非强制性披露		强制性披露		组间差异	非强制性披露		强制性披露		组间差异
	样本数	均值	样本数	均值		样本数	均值	样本数	均值	
$Size_{it-1}$	1 457	21.781	241	23.396	−1.615***	179	22.792	179	23.062	−0.270**
Lev_{it-1}	1 457	0.079	241	0.137	−0.058***	179	0.117	179	0.129	−0.013
Age_{it-1}	1 457	9.699	241	12.747	−3.048***	179	12.017	179	12.659	−0.642
ROA_{it-1}	1 457	0.036	241	0.046	−0.009***	179	0.043	179	0.041	0.003
$Sales\_Growth_{it-1}$	1 457	0.162	241	0.115	0.047**	179	0.144	179	0.128	0.016
$Sales2GDP_{it-1}$	1 457	0.001	241	0.006	−0.005***	179	0.004	179	0.004	−0.001
$Emiss\_RDC_{it-1}$	1 457	0.128	241	0.122	0.006	179	0.13	179	0.121	0.009
GDP_Growth_{it-1}	1 457	0.08	241	0.08	0.001	179	0.081	179	0.08	0.001

注：***、**分别表示1%、5%的统计显著水平。

5.4 实证结果

5.4.1 主检验结果分析

表5-6报告了模型1（Eq.1）的回归结果。在Panel A中，模型1（Eq.1）采用全部上市公司作为样本进行回归分析。在模型1（Eq.1）中，本章关注的变量是Man_CSR_{it-1}，代表了市场化治理水平。如果Man_CSR_{it-1}的回归系数显著为正，那么市场化治理和政府监管存在某种程度的替代关系，市场化治理手段能够减小政府监管的力度。根据Panel A的结果，在事件窗口期，市场反应并没有表现出一致性的结果或者倾向，本章尚无法得出市场化治理和政府监管的关系。虽然Man_CSR_{it-1}的回归系数为正，但是仅在［0，2］和［0，3］的事件窗口期分别在10%和5%的统计水平上显著。在控制变量方面，回归系数和显著性基本与第4章的结论保持一致。

按照研究方法部分的讨论，由于强制性披露社会责任报告的公司的特殊性，仅依靠全样本的数据进行分析，本章无法判断出市场化治理和政府监管之间是否存在替代关系。表5-6中的Panel B汇报了采用匹配样本进行回归的结果。采用匹配样本后，Man_CSR_{it-1}的回归系数仍然为正，与全样本回归结果相一致，但是在［0，3］和［0，4］事件窗口期，Man_CSR_{it-1}的回归系数都呈现大幅度的下滑。最为重要的是，在全部4个事件窗口期，Man_CSR_{it-1}的回归系数都不显著。此外，在各个事件窗口期，与采用全样本相比，采用匹配样本进行回归的拟合优度均呈现了大幅度的上升。相比于全样本，匹配样本更好地克服了不同组别样本之间的差异，回归结果更为可靠。因此，表5-6的回归结果支持了假设H1的理论分析。在中国制度环境下，从整体来看，市场化治理难以有效地解决环境污染问题。因此，在政府强化监管时，在市场化治理手段下的公司并不会产生反应。

表5-6　　**市场化治理、政府监管和投资者反应**

VARIABLES	Panel A：全样本				Panel B：匹配样本			
	(1) [0, 1]	(2) [0, 2]	(3) [0, 3]	(4) [0, 4]	(5) [0, 1]	(6) [0, 2]	(7) [0, 3]	(8) [0, 4]
Man_CSR_{it-1}	0.006	0.012*	0.018**	0.014	0.006	0.014	0.012	0.007
	(1.231)	(1.832)	(2.020)	(1.476)	(1.036)	(1.646)	(0.985)	(0.507)
$Size_{it-1}$	0.007***	0.009***	0.026***	0.028***	0.006	0.007	0.031***	0.032***
	(3.808)	(3.557)	(7.654)	(7.250)	(1.353)	(0.987)	(3.403)	(3.342)
Lev_{it-1}	-0.035**	-0.039*	-0.053	-0.047	0.004	-0.017	-0.063	-0.027
	(-2.069)	(-1.652)	(-1.607)	(-1.257)	(0.115)	(-0.338)	(-0.928)	(-0.349)
Age_{it-1}	-0.001***	-0.001***	-0.002***	-0.003***	-0.002***	-0.004***	-0.005***	-0.006***
	(-2.708)	(-3.201)	(-4.706)	(-5.812)	(-4.475)	(-4.761)	(-4.373)	(-4.734)
ROA_{it-1}	0.150***	0.286***	0.562***	0.547***	0.383***	0.608***	1.109***	1.092***
	(3.950)	(5.299)	(8.010)	(7.221)	(4.860)	(5.483)	(7.548)	(6.678)
$Sales\_Growth_{it-1}$	0.008*	0.009	0.006	0.008	0.019	0.033*	0.021	0.011
	(1.782)	(1.497)	(0.865)	(0.952)	(1.478)	(1.795)	(0.932)	(0.442)

续表

VARIABLES	Panel A：全样本				Panel B：匹配样本			
	(1) [0, 1]	(2) [0, 2]	(3) [0, 3]	(4) [0, 4]	(5) [0, 1]	(6) [0, 2]	(7) [0, 3]	(8) [0, 4]
$Sales2GDP_{it-1}$	-0.570	-0.907*	-0.725	-0.102	-0.769	-0.873	-1.133	-0.437
	(-1.613)	(-1.830)	(-1.061)	(-0.130)	(-1.093)	(-0.857)	(-0.825)	(-0.289)
$Emiss\_RDC_{it-1}$	0.938	1.323	-0.524	0.344	-0.481	-2.324	-8.463	-7.601
	(0.579)	(0.736)	(-0.232)	(0.143)	(-0.175)	(-0.590)	(-1.535)	(-1.358)
GDP_Growth_{it-1}	-2.215	-3.424	1.126	-1.199	1.641	6.252	21.893	19.697
	(-0.549)	(-0.749)	(0.195)	(-0.196)	(0.234)	(0.616)	(1.534)	(1.355)
Constant	-0.215***	-0.276***	-0.590***	-0.637***	-0.152	-0.122	-0.463	-0.533*
	(-2.865)	(-3.078)	(-5.122)	(-5.082)	(-0.995)	(-0.549)	(-1.527)	(-1.696)
Province	Yes	Yes	Yes	Yes	Yes	Yes	Yes	Yes
Round	Yes	Yes	Yes	Yes	Yes	Yes	Yes	Yes
Observations	1 698	1 698	1 685	1 658	358	358	355	351
Adj R^2	0.040	0.059	0.144	0.136	0.147	0.189	0.256	0.236

注：***、**、*分别表示1%、5%、10%的统计显著水平。

为了考察市场化治理和政府监管的关系在不同类型公司中是否存在差异，本章将样本公司按照终极控制人的性质划分为国有企业和非国有企业两类，并分别采用模型2（Eq.2）进行回归分析。表5-7列示了采用全样本按照不同公司类型进行回归得到的结果。在表5-7中，Panel A和Panel B分别为国有企业和非国有企业的回归结果。在Panel A中，Man_CSR_{it-1}的回归系数在［0，3］和［0，4］事件窗口期间为正，并在10%的统计水平上保持显著。而在Panel B中，Man_CSR_{it-1}的回归系数始终显著为正。Man_CSR_{it-1}的回归系数显著为正，表明市场化治理手段有助于缓解政府监管带来的成本的增加。表5-7的结果与假设H2a并不一致，但是与假设H2b相一致。

按照研究设计，表5-8报告了采用匹配样本并区分企业类型的回归结果。表5-8仅包括了匹配样本公司。Panel A报告了采用匹配样本中的国有企业回归的结果。根据Panel A，Man_CSR_{it-1}在全部4个事件窗口期的回归结果都不显著，并且与表5-7中的Panel A相比，Man_CSR_{it-1}的回归系数均呈现显著的下降，但是模型的拟合优度却显著提升。根据研究方法部分的讨论，结合表5-8和表5-7的回归结果，没有证据表明，市场化治理手段能够帮助国有企业缓解政府监管带来的压力或成本。Man_CSR_{it-1}仅在全样本回归的2个窗口期内，在10%的统计水平上显著。而采用全样本进行回归，在研究方法上存在明显的缺陷。假设H2a得到了实证证据的支持。

Panel B报告了采用非国有企业匹配样本进行回归的结果。在Panel B中，Man_CSR_{t-1}的回归系数在［0，1］和［0，2］事件窗口期都在5%的统计水平上显著为正，并且回归系数的经济显著性有所增强。这表明，在"方案通过"消息抵达市场后，投资者认同市场化治理手段对非国有企业产生的效果，因此在即将到来的政府监管下，企业承担的监管成本会相对较低。但是，在［0，3］和［0，4］事件窗口期，Man_CSR_{it-1}的回归系数显著性消失。这既有可能是投资者对中央环保督察的认知程度在加深或者发生改变，也有可能是事件窗口期有其他事件发生，产生了影响。不管怎样，在"方案通过"事件较为狭窄的窗口期，其他事件的噪声较少，并且能够反映投资者的态度。因此，结合表5-8和表5-7的回归结果，假设H2b得到验证。在政府强化监管时，受到市场化治理的非国有企业能够在

表5-7 公司类型、市场化治理和政府监管（全样本）

VARIABLES	Panel A：SOEs				Panel B：Non-SOEs			
	（1）	（2）	（3）	（4）	（5）	（6）	（7）	（8）
	[0，1]	[0，2]	[0，3]	[0，4]	[0，1]	[0，2]	[0，3]	[0，4]
Man_CSR_{it-1}	0.005	0.010	0.022*	0.021*	0.017**	0.032***	0.033**	0.027*
	（0.885）	（1.213）	（1.959）	（1.688）	（2.107）	（2.813）	（2.195）	（1.692）
$Size_{it-1}$	0.002	0.001	0.017***	0.019***	0.011***	0.015***	0.032***	0.034***
	（0.683）	（0.290）	（3.078）	（3.109）	（4.450）	（4.307）	（7.204）	（6.913）
Lev_{it-1}	0.005	0.011	0.008	0.032	-0.057**	-0.057	-0.059	-0.065
	（0.218）	（0.354）	（0.193）	（0.669）	（-2.153）	（-1.508）	（-1.161）	（-1.110）
Age_{it-1}	-0.000	-0.001	-0.002**	-0.003***	-0.001*	-0.001**	-0.002**	-0.002***
	（-0.605）	（-0.874）	（-2.018）	（-2.694）	（-1.739）	（-2.078）	（-2.478）	（-2.685）
ROA_{it-1}	0.031	0.119	0.398***	0.419***	0.184***	0.336***	0.605***	0.562***
	（0.536）	（1.468）	（3.387）	（3.129）	（3.883）	（4.928）	（7.015）	（6.056）
$Sales\_Growth_{it-1}$	0.014**	0.014*	0.013	0.010	0.004	0.004	0.000	0.003
	（2.150）	（1.783）	（1.123）	（0.730）	（0.749）	（0.597）	（0.023）	（0.280）

续表

VARIABLES	Panel A：SOEs				Panel B：Non-SOEs			
	(1)	(2)	(3)	(4)	(5)	(6)	(7)	(8)
	[0，1]	[0，2]	[0，3]	[0，4]	[0，1]	[0，2]	[0，3]	[0，4]
$Sales2GDP_{it-1}$	-0.040	-0.084	0.023	0.773	-0.581	-0.772	0.743	0.918
	(-0.091)	(-0.144)	(0.028)	(0.777)	(-0.801)	(-0.714)	(0.555)	(0.668)
$Emiss\_RDC_{it-1}$	-2.336	-1.260	-2.874	-1.387	2.738	2.624	-0.369	-0.115
	(-1.384)	(-0.699)	(-1.521)	(-0.589)	(1.296)	(0.999)	(-0.105)	(-0.031)
GDP_Growth_{it-1}	5.854	3.034	7.308	3.260	-6.683	-6.738	0.458	-0.158
	(1.344)	(0.654)	(1.481)	(0.529)	(-1.288)	(-1.019)	(0.051)	(-0.017)
Constant	-0.003	-0.042	-0.349**	-0.428***	-0.355***	-0.429***	-0.708***	-0.760***
	(-0.031)	(-0.379)	(-2.537)	(-2.648)	(-3.590)	(-3.378)	(-4.307)	(-4.371)
Province	Yes	Yes	Yes	Yes	Yes	Yes	Yes	Yes
Round	Yes	Yes	Yes	Yes	Yes	Yes	Yes	Yes
Observations	573	573	572	569	1 125	1 125	1 113	1 089
Adj R^2	0.018	0.029	0.131	0.140	0.053	0.077	0.159	0.141

注：***、**、*分别表示1%、5%、10%的统计显著水平。

表5-8 公司类型、市场化治理和政府监管（匹配样本）

VARIABLES	Panel A：SOEs				Panel B：Non-SOEs			
	(1) [0，1]	(2) [0，2]	(3) [0，3]	(4) [0，4]	(5) [0，1]	(6) [0，2]	(7) [0，3]	(8) [0，4]
Man_CSR_{it-1}	0.000	0.005	0.017	0.014	0.024**	0.036**	0.024	0.018
	(0.023)	(0.374)	(0.960)	(0.781)	(2.151)	(2.339)	(1.124)	(0.790)
$Size_{it-1}$	0.007	0.008	0.032***	0.029**	0.004	0.006	0.034**	0.038**
	(1.301)	(1.027)	(2.793)	(2.437)	(0.487)	(0.456)	(2.166)	(2.296)
Lev_{it-1}	0.026	0.022	0.001	0.074	0.043	0.017	-0.123	-0.143
	(0.585)	(0.341)	(0.013)	(0.832)	(0.558)	(0.149)	(-0.792)	(-0.808)
Age_{it-1}	-0.003***	-0.004***	-0.005***	-0.006***	-0.003***	-0.004***	-0.004**	-0.004**
	(-2.838)	(-2.796)	(-2.753)	(-3.228)	(-2.956)	(-3.036)	(-2.218)	(-1.989)
ROA_{it-1}	0.327**	0.533***	1.080***	1.177***	0.351***	0.576***	1.044***	0.959***
	(2.508)	(2.855)	(4.347)	(3.991)	(3.220)	(3.712)	(4.981)	(4.326)
$Sales\_Growth_{it-1}$	0.005	0.004	-0.009	-0.021	0.030*	0.052**	0.039	0.031
	(0.341)	(0.194)	(-0.320)	(-0.725)	(1.690)	(2.312)	(1.564)	(1.054)

续表

VARIABLES	Panel A：SOEs				Panel B：Non-SOEs			
	(1) [0, 1]	(2) [0, 2]	(3) [0, 3]	(4) [0, 4]	(5) [0, 1]	(6) [0, 2]	(7) [0, 3]	(8) [0, 4]
$Sales2GDP_{it-1}$	-0.920	-1.313	-1.443	-0.248	-0.331	0.489	0.696	1.146
	(-1.307)	(-1.315)	(-0.989)	(-0.147)	(-0.196)	(0.191)	(0.226)	(0.354)
$Emiss\_RDC_{it-1}$	3.697	4.729	2.582	4.892	-2.647	-7.062	-18.171***	-18.091***
	(1.449)	(1.520)	(0.567)	(0.958)	(-0.618)	(-1.254)	(-2.734)	(-3.342)
GDP_Growth_{it-1}	-9.628	-12.114	-6.222	-12.491	7.483	18.234	46.179***	46.213***
	(-1.440)	(-1.484)	(-0.524)	(-0.941)	(0.700)	(1.277)	(2.689)	(3.267)
Constant	-0.329**	-0.411*	-0.906***	-0.937***	-0.019	0.073	-0.195	-0.304
	(-1.983)	(-1.805)	(-2.760)	(-2.637)	(-0.073)	(0.201)	(-0.448)	(-0.708)
Province	Yes	Yes	Yes	Yes	Yes	Yes	Yes	Yes
Round	Yes	Yes	Yes	Yes	Yes	Yes	Yes	Yes
Observations	179	179	179	178	179	179	176	173
Adj R^2	0.186	0.196	0.295	0.323	0.089	0.151	0.203	0.161

注：***、**、*分别表示1%、5%、10%的统计显著水平。

一定程度上降低政府监管成本。对于非国有企业而言，政府监管和市场化治理之间存在替代关系。

5.4.2 进一步检验

在分析市场化治理和政府监管的关系时，本章并没有区分污染行业，而是从整体上考察市场化治理和政府监管之间存在的替代关系。这主要是考虑到中央环保督察作为政府强化监管手段的特殊性。根据第4章的分析，中央环保督察充分利用我国制度的优势，能够有效突破地方政府对企业环境污染问题的保护。因此，只有当公司处于政府强化监管的重点范围之外时，市场化治理才有发挥作用的可能。

为了更全面地分析市场化治理和政府监管的关系，本章在模型2（Eq.2）的基础上构建了模型3（Eq.3）。模型3（Eq.3）将污染企业虚拟变量$Poll_{it}$加入并构造其与Man_CSR_{it-1}的交叉项。模型3（Eq.3）与第4章的分析保持一致，包括了污染企业虚拟变量。而交叉项$Poll_{it} \times Man_CSR_{it-1}$则能刻画污染企业的市场化治理在政府强化监管条件下的作用。如果本章和第4章的分析成立，那么交叉项将不会出现显著结果。

$$\begin{aligned} CAR_{it} = {} & \beta_0 + \beta_1 \times Man\_CSR_{it-1} + \beta_2 \times Man\_CSR_{it-1} \times Poll_{it} + \beta_3 \times Poll_{it} \\ & + \beta_4 \times Size_{it-1} + \beta_5 \times Lev_{it-1} + \beta_6 \times ROA_{it-1} + \beta_7 \times Sales\_Growth_{it-1} \\ & + \beta_8 \times Age_{it-1} + \beta_9 \times Sale2GDP_{it-1} + \beta_{10} \times Emiss\_Rdc_{it-1} + \beta_{11} \\ & \times GDP\_Growth_{it-1} + \sum_{j=1}^{3} \beta_{12+j} \times Round_j + \sum_{p=1}^{29} \beta_{15+p} \times Province_p + \varepsilon_{it} \end{aligned} \quad (Eq.3)$$

表5-9列示了采用全样本对模型3（Eq.3）进行回归的结果。表5-9的Panel A为采用全样本进行回归的结果。在Panel A中，Man_CSR_{it-1}的回归系数在全部4个事件窗口期均显著为正。与表5-6中Panel A相比，除了统计意义显著性增加外，表5-9的Panel A中Man_CSR_{it-1}的回归系数经济意义显著性也大幅提升。但是，$Poll_{it} \times Man_CSR_{it-1}$的系数均不显著。如果不考虑其他限制，Panel A的结果支持在非污染企业中，市场化治理和政府监管行为存在替代关系，受到市场化治理的企业，在政府监管中将承担较低的成本。但是，全样本并没有排除强制性披露社会责任报告的公司的特殊性，因此只有采用匹配样本进行回归得到相同结论，才能确定两者之间的关系。

表5-9 污染企业、市场化治理和政府监管

VARIABLES	Panel A：全样本				Panel B：匹配样本			
	(1) [0, 1]	(2) [0, 2]	(3) [0, 3]	(4) [0, 4]	(5) [0, 1]	(6) [0, 2]	(7) [0, 3]	(8) [0, 4]
Man_CSR_{it-1}	0.010^{*}	0.018^{**}	0.027^{**}	0.022^{*}	0.010	0.020^{*}	0.017	0.010
	(1.692)	(2.181)	(2.494)	(1.859)	(1.210)	(1.754)	(1.108)	(0.583)
$Poll_{it}\times Man\_CSR_{it-1}$	-0.011	-0.016	-0.025	-0.021	-0.009	-0.016	-0.015	-0.008
	(-1.391)	(-1.409)	(-1.619)	(-1.222)	(-0.752)	(-0.913)	(-0.625)	(-0.322)
$Poll_{it}$	-0.006^{*}	-0.009^{*}	-0.008	-0.016^{**}	-0.005	-0.009	-0.011	-0.018
	(-1.768)	(-1.902)	(-1.268)	(-2.281)	(-0.592)	(-0.835)	(-0.701)	(-0.994)
$Size_{it-1}$	0.007^{***}	0.009^{***}	0.026^{***}	0.028^{***}	0.006	0.006	0.030^{***}	0.032^{***}
	(3.757)	(3.509)	(7.581)	(7.227)	(1.274)	(0.906)	(3.333)	(3.279)
Lev_{it-1}	-0.034^{**}	-0.037	-0.051	-0.044	0.005	-0.015	-0.062	-0.025
	(-1.986)	(-1.564)	(-1.545)	(-1.181)	(0.148)	(-0.299)	(-0.907)	(-0.327)
Age_{it-1}	-0.001^{***}	-0.001^{***}	-0.002^{***}	-0.003^{***}	-0.002^{***}	-0.004^{***}	-0.005^{***}	-0.006^{***}
	(-2.723)	(-3.220)	(-4.720)	(-5.828)	(-4.415)	(-4.692)	(-4.299)	(-4.662)
ROA_{it-1}	0.155^{***}	0.293^{***}	0.570^{***}	0.558^{***}	0.384^{***}	0.611^{***}	1.112^{***}	1.097^{***}
	(4.087)	(5.449)	(8.130)	(7.369)	(4.912)	(5.572)	(7.610)	(6.740)

续表

VARIABLES	Panel A：全样本				Panel B：匹配样本			
	(1) [0，1]	(2) [0，2]	(3) [0，3]	(4) [0，4]	(5) [0，1]	(6) [0，2]	(7) [0，3]	(8) [0，4]
$Sales\_Growth_{it-1}$	0.008*	0.008	0.006	0.007	0.020	0.034*	0.022	0.012
	(1.714)	(1.427)	(0.807)	(0.880)	(1.533)	(1.885)	(0.981)	(0.470)
$Sales2GDP_{it-1}$	−0.529	−0.848*	−0.634	−0.029	−0.746	−0.833	−1.098	−0.403
	(−1.508)	(−1.718)	(−0.930)	(−0.038)	(−1.063)	(−0.822)	(−0.798)	(−0.266)
$Emiss\_RDC_{it-1}$	1.110	1.577	−0.269	0.748	−0.360	−2.118	−8.273	−7.488
	(0.686)	(0.892)	(−0.122)	(0.319)	(−0.133)	(−0.557)	(−1.547)	(−1.380)
GDP_Growth_{it-1}	−2.623	−4.026	0.520	−2.152	1.363	5.781	21.466	19.478
	(−0.652)	(−0.896)	(0.093)	(−0.360)	(0.198)	(0.589)	(1.548)	(1.382)
Constant	−0.217***	−0.278***	−0.591***	−0.642***	−0.146	−0.112	−0.453	−0.518*
	(−2.887)	(−3.130)	(−5.186)	(−5.170)	(−0.962)	(−0.511)	(−1.502)	(−1.654)
Province	Yes	Yes	Yes	Yes	Yes	Yes	Yes	Yes
Round	Yes	Yes	Yes	Yes	Yes	Yes	Yes	Yes
Observations	1 698	1 698	1 685	1 658	358	358	355	351
Adj R^2	0.043	0.062	0.146	0.140	0.148	0.194	0.257	0.237

注：***、**、*分别表示1%、5%、10%的统计显著水平。

与此前的检验相一致，表5-9的Panel B列示了采用匹配样本进行回归得到的结果。在Panel B中，除了在［0，2］事件窗口期中，Man_CSR_{it-1}在10%的统计水平上显著，在其他事件窗口期，Man_CSR_{it-1}的回归系数均不显著。与Panel A相同，$Poll_{it}\times Man_CSR_{it-1}$的回归系数都不显著。这表明，在剔除公司层面特征后，市场化治理并没有替代政府监管。

表5-10列示了将全样本区分为国有企业和非国有企业，对模型3（Eq.3）进行回归的结果。在表5-10中，$Poll_{it}\times Man_CSR_{it-1}$的回归系数在国有企业和非国有企业中均不显著。这表明，对于污染企业而言，在政府强化监管时，市场化治理并没有产生替代效应。对于非污染企业而言，市场化治理产生的作用与表5-7相同。在全部的样本窗口期间中，当采用非国有企业样本进行回归时，Man_CSR_{it-1}的回归系数都显著为正，且系数的经济意义显著性和统计意义显著性均较高；而在国有企业样本回归结果中，仅在［0，3］和［0，4］窗口内显著。虽然表5-10的结果能够在一定程度上支持本章的假设，即仅在非污染企业中，市场化治理机制能够替代政府监管的效应，但是，只有在匹配样本中得到相似的结果，才能较为肯定地确认本章的分析逻辑成立。

表5-11列示了采用匹配样本对模型3（Eq.3）进行回归的结果，考察污染企业和非污染企业在市场化治理和政府监管之间关系的差异。Panel A和Panel B分别是国有企业匹配样本和非国有企业匹配样本的回归结果。在表5-11中，无论采用国有企业匹配样本还是采用非国有企业匹配样本，$Poll_{it}\times Man_CSR_{it-1}$的回归系数与采用全样本进行回归得到的结果相一致。$Man_CSR_{it-1}$的回归系数与表5-8相一致。在Panel A中，$Man_CSR_{it-1}$的回归系数均不显著，表明在非污染的国有企业中，市场化治理并没有替代政府监管；在Panel B中，Man_CSR_{it-1}的回归系数在［0，1］和［0，2］窗口中均在5%的统计水平上保持显著，表明在非污染的非国有企业中，市场化治理能够降低政府监管的成本。综合表5-11和表5-10的回归结果，本章假设H2a和假设H2b的分析得到支持。在政府监管下，市场化治理的作用只局限于非污染企业中的非国有企业。而国有企业和污染行业作为中央环保督察的重点对象，市场化治理手段无法降低政府监管的力度。

表5-10 不同类型企业、污染企业、市场化治理和政府监管（全样本）

VARIABLES	Panel A：SOEs				Panel B：Non-SOEs			
	(1) [0, 1]	(2) [0, 2]	(3) [0, 3]	(4) [0, 4]	(5) [0, 1]	(6) [0, 2]	(7) [0, 3]	(8) [0, 4]
Man_CSR_{it-1}	0.007	0.012	0.031^{**}	0.029^{*}	0.023^{**}	0.040^{***}	0.039^{**}	0.033^{*}
	(0.923)	(1.129)	(2.190)	(1.833)	(2.269)	(2.827)	(2.153)	(1.717)
$Poll_{it} \times Man\_CSR_{t-1}$	-0.003	-0.003	-0.020	-0.017	-0.017	-0.024	-0.018	-0.017
	(-0.303)	(-0.202)	(-1.101)	(-0.819)	(-1.149)	(-1.183)	(-0.638)	(-0.589)
$Poll_{it}$	-0.012^{**}	-0.018^{**}	-0.014	-0.020	-0.005	-0.008	-0.007	-0.015^{*}
	(-2.114)	(-2.314)	(-1.311)	(-1.635)	(-1.229)	(-1.305)	(-0.982)	(-1.826)
$Size_{it-1}$	0.002	0.001	0.016^{***}	0.018^{***}	0.011^{***}	0.015^{***}	0.032^{***}	0.035^{***}
	(0.585)	(0.187)	(2.984)	(3.002)	(4.460)	(4.321)	(7.195)	(6.973)
Lev_{it-1}	0.008	0.015	0.012	0.037	-0.056^{**}	-0.055	-0.058	-0.064
	(0.344)	(0.490)	(0.294)	(0.784)	(-2.109)	(-1.458)	(-1.135)	(-1.086)
Age_{it-1}	-0.000	-0.001	-0.002^{*}	-0.003^{***}	-0.001^{*}	-0.001^{**}	-0.002^{**}	-0.002^{***}
	(-0.609)	(-0.884)	(-1.963)	(-2.639)	(-1.740)	(-2.075)	(-2.473)	(-2.667)
ROA_{it-1}	0.028	0.114	0.397^{***}	0.414^{***}	0.192^{***}	0.347^{***}	0.614^{***}	0.579^{***}
	(0.474)	(1.399)	(3.393)	(3.106)	(4.048)	(5.106)	(7.118)	(6.250)

续表

VARIABLES	Panel A：SOEs				Panel B：Non-SOEs			
	(1) [0, 1]	(2) [0, 2]	(3) [0, 3]	(4) [0, 4]	(5) [0, 1]	(6) [0, 2]	(7) [0, 3]	(8) [0, 4]
$Sales\_Growth_{it-1}$	0.014^{**}	0.013^{*}	0.011	0.009	0.004	0.004	-0.000	0.002
	(2.021)	(1.657)	(1.033)	(0.627)	(0.705)	(0.550)	(-0.012)	(0.227)
$Sales2GDP_{t-1}$	0.021	-0.001	0.169	0.933	-0.592	-0.790	0.717	0.833
	(0.049)	(-0.002)	(0.208)	(0.945)	(-0.835)	(-0.749)	(0.544)	(0.614)
$Emiss\_RDC_{it-1}$	-2.600	-1.629	-3.338^{*}	-1.936	3.214	3.319	0.238	0.920
	(-1.578)	(-0.958)	(-1.749)	(-0.840)	(1.563)	(1.322)	(0.070)	(0.258)
GDP_Growth_{it-1}	6.535	3.983	8.504^{*}	4.673	-7.850	-8.440	-1.028	-2.683
	(1.527)	(0.901)	(1.700)	(0.772)	(-1.555)	(-1.334)	(-0.119)	(-0.296)
Constant	0.020	-0.010	-0.308^{**}	-0.379^{**}	-0.372^{***}	-0.455^{***}	-0.731^{***}	-0.801^{***}
	(0.219)	(-0.093)	(-2.254)	(-2.377)	(-3.827)	(-3.662)	(-4.514)	(-4.657)
Province	Yes	Yes	Yes	Yes	Yes	Yes	Yes	Yes
Round	Yes	Yes	Yes	Yes	Yes	Yes	Yes	Yes
Observations	573	573	572	569	1 125	1 125	1 113	1 089
Adj R^2	0.027	0.039	0.137	0.147	0.054	0.078	0.159	0.143

注：***、**、*分别表示1%、5%、10%的统计显著水平。

表5-11 不同类型企业、污染企业、市场化治理和政府监管（匹配样本）

VARIABLES	Panel A：SOEs				Panel B：Non-SOEs			
	(1) [0, 1]	(2) [0, 2]	(3) [0, 3]	(4) [0, 4]	(5) [0, 1]	(6) [0, 2]	(7) [0, 3]	(8) [0, 4]
Man_CSR_{it-1}	-0.006	-0.002	0.006	0.003	0.032^{**}	0.050^{**}	0.040	0.033
	(-0.545)	(-0.112)	(0.281)	(0.147)	(2.345)	(2.563)	(1.582)	(1.205)
$Poll_{it} \times Man\_CSR_{it-1}$	0.023	0.026	0.040	0.040	-0.027	-0.044	-0.054	-0.050
	(1.365)	(1.136)	(1.209)	(1.095)	(-1.186)	(-1.456)	(-1.290)	(-1.146)
$Poll_{it}$	-0.028^{**}	-0.038^{**}	-0.055^{**}	-0.053^{*}	0.005	0.008	0.014	0.007
	(-2.017)	(-2.063)	(-2.065)	(-1.763)	(0.410)	(0.462)	(0.635)	(0.267)
$Size_{it-1}$	0.009	0.010	0.034^{***}	0.031^{**}	0.005	0.007	0.035^{**}	0.040^{**}
	(1.525)	(1.202)	(3.010)	(2.585)	(0.577)	(0.554)	(2.209)	(2.322)
Lev_{it-1}	0.022	0.019	-0.004	0.069	0.036	0.005	-0.135	-0.152
	(0.502)	(0.293)	(-0.050)	(0.765)	(0.457)	(0.042)	(-0.854)	(-0.844)
Age_{it-1}	-0.003^{***}	-0.004^{***}	-0.005^{***}	-0.006^{***}	-0.003^{***}	-0.004^{***}	-0.004^{**}	-0.004^{*}
	(-3.149)	(-3.010)	(-2.941)	(-3.407)	(-2.885)	(-2.946)	(-2.162)	(-1.936)
ROA_{it-1}	0.316^{**}	0.519^{***}	1.059^{***}	1.156^{***}	0.352^{***}	0.579^{***}	1.045^{***}	0.964^{***}
	(2.333)	(2.707)	(4.270)	(3.937)	(3.206)	(3.707)	(4.944)	(4.339)

续表

VARIABLES	Panel A：SOEs				Panel B：Non-SOEs			
	(1) [0，1]	(2) [0，2]	(3) [0，3]	(4) [0，4]	(5) [0，1]	(6) [0，2]	(7) [0，3]	(8) [0，4]
$Sales\_Growth_{it-1}$	0.003	0.001	-0.013	-0.025	0.030*	0.052**	0.038	0.030
	(0.206)	(0.057)	(-0.526)	(-0.942)	(1.683)	(2.308)	(1.538)	(1.037)
$Sales2GDP_{t-1}$	-0.929	-1.298	-1.434	-0.250	-0.316	0.511	0.762	1.153
	(-1.307)	(-1.309)	(-0.972)	(-0.145)	(-0.190)	(0.200)	(0.247)	(0.352)
$Emiss\_RDC_{it-1}$	2.435	2.873	-0.057	2.407	-1.825	-5.646	-16.793***	-16.297***
	(0.863)	(0.804)	(-0.011)	(0.402)	(-0.448)	(-1.060)	(-2.625)	(-3.006)
GDP_Growth_{it-1}	-6.453	-7.436	0.427	-6.235	5.414	14.678	42.684**	41.724***
	(-0.879)	(-0.800)	(0.030)	(-0.403)	(0.529)	(1.080)	(2.568)	(2.938)
Constant	-0.006	-0.002	0.006	0.003	0.032**	0.050**	0.040	0.033
	(-0.545)	(-0.112)	(0.281)	(0.147)	(2.345)	(2.563)	(1.582)	(1.205)
Province	Yes	Yes	Yes	Yes	Yes	Yes	Yes	Yes
Round	Yes	Yes	Yes	Yes	Yes	Yes	Yes	Yes
Observations	179	179	179	178	179	179	176	173
Adj R^2	0.194	0.204	0.304	0.327	0.087	0.154	0.202	0.158

注：***、**、*分别表示1%、5%、10%的统计显著水平。

除了考察$Poll_{it}$×Man_CSR_{it-1}的回归系数之外，本章还关注了Man_CSR_{it-1}和$Poll_{it}$×Man_CSR_{it-1}回归系数之和。严格来说，$Poll_{it}$×Man_CSR_{it-1}代表着在强制性披露社会责任报告的公司中，污染行业企业和非污染行业企业之间的差异。若要全面考察市场化治理对污染行业企业的影响，应该将Man_CSR_{it-1}和$Poll_{it}$×Man_CSR_{it-1}回归系数之和作为关注对象。特别地，在部分回归结果中，Man_CSR_{it-1}和$Poll_{it}$×Man_CSR_{it-1}回归系数之和为正。例如，在表5-11中的Panel A，在4个事件窗口期，Man_CSR_{it-1}的系数分别为-0.006、-0.002、0.006和0.003，而对应$Poll_{it}$×Man_CSR_{it-1}的系数分别为0.023、0.026、0.040和0.040。若加总考虑，似乎存在显著为正的可能性。为此，本章对表5-9、表5-10和表5-11中的Man_CSR_{it-1}和$Poll_{it}$×Man_CSR_{it-1}回归系数之和进行了统计检验。结果表明，所有系数之和都不显著。这也再次证实了本章的假设是成立的。

5.5 小结

本章利用强制性社会责任报告披露作为市场化治理的度量方法，利用资本市场投资者对中央环保督察制度的反应考察政府强化监管行为是否影响到市场化治理手段的发挥。如果政府强化监管的行为破坏了市场规则，接受市场化治理手段的企业将出现更加负面的市场反应；如果政府强化监管的行为遵守了市场规则，就能够在市场化手段失效的环节提升环境保护的治理水平。本章的实证检验发现，在政府强化监管时，强制性披露社会责任报告的公司并没有出现显著更为负面的市场反应，而对于国有企业和污染行业，地方政府的保护主义行为导致了市场化治理手段的失效。因此，仅在非污染的非国有企业中，市场化治理手段才能发挥作用。与预期相一致，在非污染的非国有企业中，强制性披露社会责任报告的公司的市场反应相对证明：社会公众认为政府监管行为遵守市场规则，仅在市场化治理手段失效的范围内开展工作。

第 6 章

研究结论与未来研究方向

6.1 研究结论和启示

本书主要以“中央环保督察”作为事件点，利用资本市场中的投资者反应来考察政府强化环境监管行为是否有效，以及政府强化监管行为和市场化治理手段之间的关系。在强化监管有效性方面，现有研究表明，企业环境保护活动会对企业价值产生影响（e.g.Ramiah et al.，2013；Crifo et al.，2015；Tang and Zhang，2018）。如果中央环保督察是有效的，企业可能会付出巨大的运营成本和资本成本，来减少环境污染的行为（Hamilton，1995）。根据有效市场假说，市场价格能对目标公司产生的消息迅速反应并且正确地处理与价值相关的信息，因此我们预计目标公司会出现不利的市场反应，即监管成本的增加将导致污染行业企业市值的大幅下降。为了进一步了解新督察制度的有效性，我们还根据对经济增长和就业的担忧（Chen et al.，2014）以及政治关联的公司通过寻租避免接受检查（Maung et al.，2016）来检验新督察制度的影响。实证结果表明，政治因素和经济因素不会缓和市场对中央政府检查的反应。这也表明，社会公众对于中央环保督察行为具有充分的认同和信任。

在政府强化监管和市场化治理手段的关系方面，现有研究表明，市场化的环境治理手段需要以获取充分的信息作为前提条件。如果政府强化监管和市场化治理之间存在替代关系，那么信息披露较为充分的企业受到政府监管的影响较小。考察市场化治理手段和政府监管之间的关系，前提条件是市场化手段对环境污染问题产生有效的治理效应。在现有的制度环境下，市场化治理手段更可能在非国有企业中产生效果，因此，当政府强化监管时，在非国有企业中，信息披露更为充分的企业受到的影响相对较小。此外，对于污染行业企业，地方政府处于发展经济和维护地方稳定的考虑，更容易给予优待，进而导致市场化的治理手段失效。因此，市场化手段和政府强化监管之间的替代关系，仅会出现在非污染行业之中。

根据我们的研究结论，在我国现行体制下，充分发挥中央政府的权威，通过环保督察强化中央政府对地方政府监管行为，是改善环境治理效果的有效途径。我国地域辽阔，不同地区之间的自然条件差异大，经济发展水平不平衡。这意味着，地方政府在环境保护过程中面临的挑战千差万别。简单僵化的环境保护政策忽略了不同地区之间的差异，很难发挥作用，只有将自主权下放至地方政府，因地制宜地选择环境保护方法才可能取得预期效果。但是，在分权的环境治理机制下，地方政府有动机和意愿以牺牲环境换取经济发展。因此，中央政府对地方政府的环保督察至关重要。通过督察，中央政府能够确保地方政府的环境保护政策措施符合政策初衷，同时又不会限制地方政府选择具体政策实施方式的自主权限。更为重要的是，中央政府具有绝对的权威对地方政府施加影响，能够及时矫正地方政府的不当行为，实现环境治理的政策目标。

在中央环保督察过程中，遵守市场规则和规律是充分发挥政府监管积极作用的前提条件。政府监管是为了弥补市场机制自身的缺陷。只有在市场机制失效的情况下，政府监管才最有可能发挥积极的作用。环境污染问题是典型的具有外部性的经济现象，其治理不必刻意避免政府监管行为的介入。但是，政府监管并不是完全取代市场机制。市场机制虽然不能完全彻底地解决环境污染问题，却并不是完全无所作为。通过司法诉讼等方式，市场化治理手段也能在不同程度上缓解环境污染的问题。这意味着，中央环保督察需要明确边界，不能逾越监管应有的界限，不能过度介入市场化手段能发挥作用的领域。只有这样，中央环保督察才能真正发挥正面的治理作用。

6.2 研究不足和未来研究方向

本书采用投资者反应视角对政府监管进行考察，投资者反应属于短期指标，可能存在反应不足等弊端，影响对监管效果进行度量的准确性。投资者反应主要基于事件研究法，能够在短期内估计出市场对政府强化监管行为的态度。但是，投资者市场反应通常局限于事件发生前后较为狭小的窗口期。通常而言，窗口期越小，越能排除其他事件可能产生的噪声影响，投资者反应越能精确地度量事件的影响。但是，过于狭窄的窗口期也可能导致市场反应不充分的问题。投资者可能在较短的事件窗口期内，无法完全估计事件所造成的冲击和影响，甚至很可能低估该事件的影响。此外，事件的发生可能需要更长的窗口期才能充分观测到各种因素共同作用的影响，现有的研究方法对于其他因素可能产生的影响考虑可能并不充分，进而影响分析结果的准确性。

在市场化治理手段方面，本书以信息披露作为切入点，采用强制性社会责任报告作为度量指标，缺少对市场化治理手段更为直观和更为充分的度量。除了信息披露之外，制度环境的其他层面也会对市场化的环境污染治理产生影响，比如法治环境、司法效率等。此外，市场化治理手段还可以采用更为直观的方法加以度量，比如污染物排放水平、当地群众环境信访数量。仅采用信息披露对市场化治理手段进行度量，尚无法涵盖市场化手段的全部内容。

针对现有研究的不足，未来研究可以采用更为全面和多样化的指标对中央环保督察进行研究考察。比如，可以利用较长时期的污染物排放水平变化，更具针对性地考察政府监管的环境治理效果。在政府监管和其他治理机制关系上，还应考虑法治环境、司法效率、政府补贴和技术进步等因素可能产生的影响。

[1] DJANKOV, HART, MCLIESH, et al.Debt Enforcement around the World [J]. Journal of Political Economy, 2008, 116 (6): 1105-1149.

[2] ATICI. Carbon Emissions in Central and Eastern Europe: Environmental Kuznets Curve and Implications for Sustainable Development [J]. Sustainable Development, 2009, 17 (3): 155-160.

[3] BECKER, GARY. Crime and Punishment: An Economic Approach [J]. Journal of Political Economy, 1968, 76 (2): 169-217.

[4] BECKERMAN. Economic Growth and the Environment: Whose Growth? Whose Environment? [J]. World Development, 1992, 20 (4): 481-496.

[5] BI X, KHANNA. Reassessment of the Impact of the EPA's 33/50 Program on Toxic Releases [J]. Land Economics, 2012, 88 (2): 341-361.

[6] CAI X, LU Y, WU M, et al.Does Environmental Regulation Drive away inbound Foreign Direct Investment? Evidence from a Quasi-natural Experiment in China [J]. Journal of Development Economics, 2016a (123): 73-85.

[7] CAI Y, PAN C H, STATMAN. Why do Countries Matter so much in Corporate Social Performance? [J]. Journal of Corporate

Finance, 2016b (41): 591-609.

[8] BLANCARD, LAGUNA. How does the Stock Market Respond to Chemical Disasters? [J]. Journal of Environmental Economics and Management, 2010, 59 (2): 192-205.

[9] CARRI-FLORES, INNES, SAM. Do Voluntary Pollution Reduction Programs (VPRs) Spur or Deter Environmental Innovation? Evidence from 33/50 [J]. Journal of Environmental Economics & Management, 2013, 66 (3): 444-459.

[10] CHAMBERLIN. Duopoly: Value Where Sellers Are Few [J]. Quarterly Journal of Economics, 1929, (1): 1.

[11] CHANG E C, LUO Y, REN J. Short-selling, Margin-trading, and Price Efficiency: Evidence from the Chinese Market [J]. Journal of Banking & Finance, 2014 (48): 411-424.

[12] CHAUDHRY, SAM. The Information Content of Accounting Earnings, Book Values, Losses and Firm Size vis-à-vis Stocks: Empirical Evidence from an Emerging Stock Market [J]. Applied Financial Economics, 2014, 24 (23): 1515-1527.

[13] CHEN J, GAREL, TOURANI-RAD. The Value of Academics: Evidence from Academic Independent Director Resignations in China [J]. Journal of Corporate Finance, 2019 (58): 393-414.

[14] CHEN Q, MAUNG, SHI Y, et al. Foreign Direct Investment Concessions and Environmental Levies in China [J]. International Review of Financial Analysis, 2014 (36): 241-250.

[15] CHEN S, SUN Z, TANG S, et al. Government Intervention and Investment Efficiency: Evidence from China [J]. Journal of Corporate Finance, 2011, 17 (2): 259-271.

[16] CHEN T, HUANG W. A Replication Study of Ball and Brown (1968): Comparative Analysis of China and the US [J]. China Accounting and Finance Review, 2014 (6).

[17] CHEN Y-C, HUNG M, WANG Y. The effect of Mandatory CSR

Disclosure on Firm Profitability and Social Externalities: Evidence from China [J]. Journal of Accounting and Economics, 2018a, 65 (1): 169-190.

[18] CHEN Y, EBENSTEIN, GREENSTONE, et al. Evidence on the Impact of Sustained Exposure to Air Pollution on Life Expectancy from China's Huai River Policy [J]. Proceedings of the National Academy of Sciences, 2013a, 110 (32): 12936-12941.

[19] CHEN Y J, LI P, LU Y. Career Concerns and Multitasking Local Bureaucrats: Evidence of A Target-based Performance Evaluation System in China [J]. Journal of Development Economics, 2018b (133): 84-101.

[20] CHEN Z, KE B, YANG Z. Minority Shareholders' Control Rights and the Quality of Corporate Decisions in Weak Investor Protection Countries: A Natural Experiment from China [J]. The Accounting Review, 2013b, 88 (4): 1211-1238.

[21] CHRISTENSEN, FLOYD, LIU L Y, et al. The Real Effects of Mandated Information on Social Responsibility in Financial Reports: Evidence from Mine-safety Records [J]. Journal of Accounting and Economics, 2017, 64 (2-3): 284-304.

[22] COFFEE. Law and the Market: The Impact of Enforcement [J]. University of Pennsylvania Law Review, 2007, 156 (2): 229-311.

[23] CRIFO, FORGET, TEYSSIER. The Price of Environmental, Social and Governance Practice Disclosure: An Experiment with Professional Private Equity Investors [J]. Journal of Corporate Finance, 2015 (30): 168-194.

[24] DEAN, LOVELY, WANG H. Are Foreign Investors Attracted to Weak Environmental Regulations? Evaluating the Evidence from China [J]. Journal of Development Economics, 2009, 90 (1): 1-13.

[25] DENG L, JIANG P, LI S, et al. Government Intervention and Firm Investment [J]. Journal of Corporate Finance, 2020 (63): 101-231.

[26] DJANKOV, LA PORTA R, LOPEZ-DE-SILANES F, et al. The Law and Economics of Self-dealing [J]. Journal of Financial Economics,

2008，88（3）：430-465.

［27］DU X.How the Market Values Greenwashing? Evidence from China［J］. Journal of Business Ethics，2015，128（3）：547-574.

［28］FIRTH，LIN，LIU，et al. Inside the Black Box：Bank Credit Allocation in China's Private Sector［J］. Journal of Banking & Finance，2009，33（6）：1144-1155.

［29］FIRTH，RUI O M，WU W.The Effects of Political Connections and State Ownership on Corporate Litigation in China［J］. The Journal of Law and Economics，2011，54（3）：573-607.

［30］FISMAN，WANG Y. The Mortality Cost of Political Connections［J］. The Review of Economic Studies，2015，82（4）：1346-1382.

［31］GALEOTTI，LANZA，PAULI. Reassessing the Environmental Kuznets Curve for CO_2 Emissions：A Robustness Exercise［J］. Ecological Economics，2006，57（1）：152-163.

［32］GIANNETTI，LIAO G，YU X.The Brain Gain of Corporate Boards：Evidence from China［J］. The Journal of Finance，2015，70（4）：1629-1682.

［33］GROSSMAN，KRUEGER. Environmental Impacts of a North American Free Trade Agreement［C］. Cambridge：National Bureau of Economic Research，1991.

［34］GROSSMAN，KRUEGER.Economic Growth and the Environment*［J］. The Quarterly Journal of Economics，1995，110（2）：353-377.

［35］GUO H，XU E，JACOBS. Managerial Political Ties and Firm Performance during Institutional Transitions：An Analysis of Mediating Mechanisms［J］. Journal of Business Research，2014，67（2）：116-127.

［36］HAMILTON.Pollution as News：Media and Stock Market Reactions to the Toxics Release Inventory Data［J］. Journal of Environmental Economics and Management，1995，28（1）：98-113.

［37］HARIOM，SHIVARAM.Does Corporate Social Responsibility（CSR）Create Shareholder Value? Evidence from the Indian Companies Act 2013

[J]. Journal of Accounting Research, 2017, 55 (5): 1257-1300.

[38] HAW, QI D, WU W.Value Relevance of Earnings in an Emerging Capital Market: the Case of A-shares in China [J]. Pacific Economic Review, 1999, 4 (3): 337-348.

[39] HE J, WANG H. Economic Structure, Development Policy and Environmental Quality: An Empirical Analysis of Environmental Kuznets Curves with Chinese Municipal Data [J]. Ecological Economics, 2012 (76): 49-59.

[40] HENDERSON.Problems and Solutions in Conducting Event Studies [J]. The Journal of Risk and Insurance, 1990, 57 (2): 282-306.

[41] HEYES. Environmental Enforcement When 'Inspectability' Is Endogenous: A Model with Overshooting Properties [J]. Environmental & Resource Economics, 1994, 4 (5): 479-494.

[42] HILTON.The Basic Behavior of Regulatory Commissions [J]. The American Economic Review, 1972, 62 (1/2): 47-54.

[43] HONG H, KUBIK, SCHEINKMAN. Financial Constraints on Corporate Goodness [C]. Cambridge: National Bureau of Economic Research Working Paper Series, 2012.

[44] HU R, KARIM, LIN K J, et al. Do Investors Want Politically Connected Independent Directors? Evidence from Their Forced Resignations in China [J]. Journal of Corporate Finance, 2020 (4).

[45] JACKSON, ROE. Public and Private Enforcement of Securities Laws: Resource-based Evidence [J]. Journal of Financial Economics, 2009, 93 (2): 207-238.

[46] JACOBS, SINGHAL, SUBRAMANIAN. An Empirical Investigation of Environmental Performance and the Market Value of the Firm [J]. Journal of Operations Management, 2010, 28 (5): 430-441.

[47] JENSEN.Agency Costs of Free Cash Flow, Corporate Finance, and Takeovers [J]. The American Economic Review, 1986, 76 (2): 323-329.

[48] JIA N, MAO X, YUAN R.Political Connections and Directors'

and Officers′ Liability Insurance - Evidence from China [J]. Journal of Corporate Finance, 2019 (58) 353–372.

[49] JIA R, NIE H.Decentralization, Collusion, and Coal Mine Deaths [J]. Review of Economics & Statistics, 2017, 99 (1): 105–118.

[50] JIANG Y, LUO L. Market Reactions to Environmental Policies: Evidence from China [J]. Corporate Social Responsibility and Environmental Management, 2018, 25 (5): 889–903.

[51] JIN H, QIAN Y, WEINGAST.Regional Decentralization and Fiscal Incentives: Federalism, Chinese Style [J]. Journal of Public Economics, 2005, 89 (9–10): 1719–1742.

[52] JOSKOW.Inflation and Environmental Concern: Structural Change in the Process of Public Utility Price Regulation [J]. The Journal of Law & Economics, 1974, 17 (2): 291–327.

[53] KAHN, YARDLEY. As China Roars, Pollution Reaches Deadly Extremes [J]. New York Times, 2007 (26): A1.

[54] KOOP, TOLE. Is There An Environmental Kuznets Curve for Deforestation? [J]. Journal of Development Economics, 1999, 58 (1): 231–244.

[55] LA PORTA R, LOPEZ - DE - SILANES F, SHLEIFER A 2013. Chapter 6 – Law and Finance After a Decade of Research [M] // GEORGE M H, CONSTANTINIDES M, RENE M S, Handbook of the Economics of Finance. Amsterdam: Elsevier: 425–491.

[56] LA PORTA, LOPEZ-DE-SILANES, SHLEIFER, et al.The Quality of Government [J]. The Journal of Law, Economics, and Organization, 1999, 15 (1): 222–279.

[57] LAPLANTE, RILSTONE.Environmental Inspections and Emissions of the Pulp and Paper Industry in Quebec [J]. Journal of Environmental Economics and Management, 1996, 31 (1): 19–36.

[58] LEAVER. Bureaucratic Minimal Squawk Behavior: Theory and Evidence from Regulatory Agencies [J]. The American Economic Review,

2009, 99 (3): 572-607.

[59] LEE S Y, PARK, KLASSEN. Market Responses to Firms' Voluntary Climate Change Information Disclosure and Carbon Communication [J]. Corporate Social Responsibility and Environmental Management, 2015, 22 (1): 1-12.

[60] LEVINSON. Environmental Regulations and Manufacturers' Location Choices: Evidence from the Census of Manufactures [J]. Journal of Public Economics, 1996, 62 (1): 5-29.

[61] LI G, ZHOU H. Political Connections and Access to IPO Markets in China [J]. China Economic Review, 2015 (33): 76-93.

[62] LI H, MENG L, WANG Q, et al. Political Connections, Financing and Firm Performance: Evidence from Chinese Private Firms [J]. Journal of Development Economics, 2008, 87 (2): 283-299.

[63] LI H, ZHOU L-A. Political Turnover and Economic Performance: The Incentive Role of Personnel Control in China [J]. Journal of Public Economics, 2005, 89 (9): 1743-1762.

[64] LI T, WANG Y, ZHAO D. Environmental Kuznets Curve in China: New Evidence from Dynamic Panel Analysis [J]. Energy Policy, 2016 (91): 138-147.

[65] LIM. The Impact of Monitoring and Enforcement on Air Pollutant Emissions [J]. Journal of Regulatory Economics, 2016, 49 (2): 203-222.

[66] LIM, VOS, FLAXMAN, et.al. A Comparative Risk Assessment of Burden of Disease and Injury Attributable to 67 Risk Factors and Risk Factor Clusters in 21 Regions, 1990 - 2010: A Systematic Analysis for the Global Burden of Disease Study 2010 [J]. The Lancet, 2012, 380 (9859): 2224-2260.

[67] LIN J Y, LIU Z. Fiscal Decentralization and Economic Growth in China [J]. Economic Development and Cultural Change, 2000, 49 (1): 1-21.

[68] LIU J, STAMBAUGH, YUAN Y. Size and Value in China [J].

Journal of Financial Economics, 2019 (3) .

[69] LU H, PAN H, ZHANG C. Political Connectedness and Court Outcomes: Evidence from Chinese Corporate Lawsuits [J]. The Journal of Law and Economics, 2015, 58 (4): 829-861.

[70] LYON, LU Y, SHI X, et al. How do Investors Respond to Green Company Awards in China? [J]. Ecological Economics, 2013 (94): 1-8.

[71] LYS, NAUGHTON, WANG C. Signaling through Corporate Accountability Reporting [J]. Journal of Accounting and Economics, 2015, 60 (1): 56-72.

[72] MACKINLAY. Event Studies in Economics and Finance [J]. Journal of Economic Literature, 1997, 35 (1): 13-39.

[73] MAGAT, VISCUSI. Effectiveness of the EPA's Regulatory Enforcement: The Case of Industrial Effluent Standards [J]. The Journal of Law and Economics, 1990, 33 (2): 331-360.

[74] MAHONEY. The Development of Securities Law in the United States [J]. Journal of Accounting Research, 2009, 47 (2): 325-347.

[75] MANAGI, JENA. Environmental Productivity and Kuznets Curve in India [J]. Ecological Economics, 2008, 65 (2): 432-440.

[76] MARGOLIS, ELFENBEIN, WALSH. Does It Pay to Be Good...and Does It Matter? A Meta-Analysis of The Relationship between Corporate Social and Financial Performance [J]. Mit Sloan Management Review, 2009 (3) .

[77] MAUNG, WILSON, TANG. Political Connections and Industrial Pollution: Evidence Based on State Ownership and Environmental Levies in China [J]. Journal of Business Ethics, 2016, 138 (4): 649-659.

[78] MONTINOLA, QIAN Y, WEINGAST. Federalism, Chinese Style: The Political Basis for Economic Success in China [J]. World politics, 1995, 48 (1): 50-81.

[79] MURPHY. Corporate Performance and Managerial Remuneration: An empirical analysis [J]. Journal of Accounting and Economics, 1985, 7 (1): 11-42.

[80] NIE H, JIANG M, WANG X. The Impact of Political Cycle: Evidence from Coalmine Accidents in China [J]. Journal of Comparative Economics, 2013, 41 (4): 995-1011.

[81] OI J C. Fiscal Reform and the Economic Foundations of Local State Corporatism in China [J]. World Politics, 2011, 45 (1): 99-126.

[82] PELTZMAN. Toward A More General Theory of Regulation [J]. The Journal of Law and Economics, 1976, 19 (2): 211-240.

[83] PORTA, LOPEZ - DE - SILANES, SHLEIFER, et al. Legal Determinants of External Finance [J]. The Journal of Finance, 1997, 52 (3): 1131-1150.

[84] QIAN Y, WEINGAST. Federalism as A Commitment to Reserving Market Incentives [J]. Journal of Economic Perspectives, 1997, 11 (4): 83-92.

[85] RAMIAH, MARTIN, MOOSA. How does the Stock Market React to the Announcement of Green Policies? [J]. Journal of Banking & Finance, 2013, 37 (5): 1747-1758.

[86] BECKER, HENDERSON. Effects of Air Quality Regulations on Polluting Industries [J]. Journal of Political Economy, 2000, 108 (2): 379-421.

[87] RICHARDSON. Over-investment of Free Cash Flow [J]. Review of Accounting Studies, 2006, 11 (2-3): 159-189.

[88] INNES, SAM. Voluntary Pollution Reductions and the Enforcement of Environmental Law: An Empirical Study of the 33/50 Program [J]. The Journal of Law and Economics, 2008, 51 (2): 271-296.

[89] SELDEN, SONG D. Environmental Quality and Development: Is There a Kuznets Curve for Air Pollution Emissions? [J]. Journal of Environmental Economics and Management, 1994, 27 (2): 147-162.

[90] SHIMSHACK. The Economics of Environmental Monitoring and Enforcement [J]. Annual Review of Resource Economics, 2014, 6 (1): 339-360.

[91] STERN, COMMON. Is There an Environmental Kuznets Curve for Sulfur? [J]. Journal of Environmental Economics and Management, 2001, 41 (2): 162–178.

[92] STIGLER. Theory of Oligopoly [J]. Journal of Political Economy, 1964 (6): 44–61.

[93] STIGLER. The Theory of Economic Regulation [J]. The Bell journal of Economics and Management Science, 1971, 2 (1): 3–21.

[94] STULZ. Managerial Discretion and Optimal Financing Policies [J]. Journal of Financial Economics, 1990, 26 (1): 3–27.

[95] TANG D Y, ZHANG Y. Do Shareholders Benefit from Green Bonds? [J]. Journal of Corporate Finance, 2018 (10).

[96] TAO Z, ZHU T. An Agency Theory of Transactions without Contract Enforcement: The Case of China [J]. China Economic Review, 2001, 12 (1): 1–14.

[97] TIROLE. Hierarchies and Bureaucracies: On the Role of Collusion in Organizations [J]. JL Econ.& Org., 1986 (2): 181.

[98] TU G, LIN B, LIU F. Political Connections and Privatization: Evidence from China [J]. Journal of Accounting and Public Policy, 2013, 32 (2): 114–135.

[99] VENNEMO, AUNAN, LINDHJEM, et al. Environmental Pollution in China: Status and Trends [J]. Review of Environmental Economics and Policy, 2009, 3 (2): 209–230.

[100] VIDAL, ADAM. China Overtakes US as World' S Biggest CO_2 Emitter [J]. The Guardian, 2007 (19).

[101] WANG F, XU L, ZHANG J, et al. Political Connections, Internal Control and Firm Value: Evidence from China's Anti-corruption Campaign [J]. Journal of Business Research, 2018, 86 (5): 53–67.

[102] WILSON. Capital Mobility and Environmental Standards: Is There a Theoretical Basis for a Race to the Bottom? [J]. Fair Trade and Harmonization: Prerequisites for Free Trade, 1996 (1): 393–427.

[103] WONG T. Corporate Governance Research on Listed Firms in China: Institutions, Governance and Accountability [J]. Foundations and Trends (R) in Accounting, 2016, 9 (4): 259-326.

[104] XU T. Investigating Environmental Kuznets Curve in China - Aggregation Bias and Policy Implications [J]. Energy Policy, 2018, 114 (3): 315-322.

[105] YANG G, WANG Y, ZENG Y, et al.Rapid Health Transition in China, 1990 - 2010: Findings from the Global Burden of Disease Study 2010 [J]. The Lancet, 2013, 381 (9882): 1987-2015.

[106] ZHANG Q, YU Z, KONG D.The Real Effect of Legal Institutions: Environmental Courts and Firm Environmental Protection Expenditure [J]. Journal of Environmental Economics and Management, 2019, 98 (11): 102-254.

[107] ZHAO X, FAN Y, YU X, et al.The Impacts of Environmental Policies on the Stock Prices of Energy Companies in China [C]. Beijing: Working Paper, 2016.

[108] ZHENG S, KAHN, SUN W, et al.Incentives for China's Urban Mayors to Mitigate Pollution Externalities: The Role of the Central Government and Public Environmentalism [J]. Regional Science and Urban Economics, 2014 (47): 61-71.

[109] ZWIEBEL. Dynamic Capital Structure under Managerial Entrenchment [J]. The American Economic Review, 1996, 86 (5): 1197-1215.

[110] 白俊红，聂亮.环境分权是否真的加剧了雾霾污染？[J]. 中国人口·资源与环境，2017（12）：59-69.

[111] 白俊红，聂亮.能源效率、环境污染与中国经济发展方式转变[J]. 金融研究，2018（10）：1-18.

[112] 包群，彭水军.经济增长与环境污染：基于面板数据的联立方程估计 [J]. 世界经济，2006（11）：48-58.

[113] 蔡昉，都阳，王美艳.经济发展方式转变与节能减排内在动力[J]. 经济研究，2008（6）：4-11，36.

［114］陈海嵩.环保督察制度法治化：定位、困境及其出路［J］. 法学评论，2017（3）：176-187.

［115］陈诗一，陈登科.雾霾污染、政府治理与经济高质量发展［J］. 经济研究，2018（2）：20-34.

［116］陈素梅，何凌云.环境、健康与经济增长：最优能源税收入分配研究［J］. 经济研究，2017（4）：120-134.

［117］杜龙政，赵云辉，陶克涛，等.环境规制、治理转型对绿色竞争力提升的复合效应——基于中国工业的经验证据［J］. 经济研究，2019（10）：106-120.

［118］范庆泉.环境规制、收入分配失衡与政府补偿机制［J］. 经济研究，2018（5）：14-27.

［119］范庆泉，张同斌.中国经济增长路径上的环境规制政策与污染治理机制研究［J］. 世界经济，2018（8）：171-192.

［120］范庆泉，周县华，张同斌.动态环境税外部性、污染累积路径与长期经济增长——兼论环境税的开征时点选择问题［J］. 经济研究，2016（8）：116-128.

［121］郭峰，石庆玲.官员更替、合谋震慑与空气质量的临时性改善［J］. 经济研究，2017（7）：155-168.

［122］郭施宏.中央环保督察的制度逻辑与延续——基于督察制度的比较研究［J］. 中国特色社会主义研究，2019（5）：83-91.

［123］胡珺，黄楠，沈洪涛.市场激励型环境规制可以推动企业技术创新吗？——基于中国碳排放权交易机制的自然实验［J］. 金融研究，2020（1）：171-189.

［124］黄茂兴，林寿富.污染损害、环境管理与经济可持续增长——基于五部门内生经济增长模型的分析［J］. 经济研究，2013（12）：30-41.

［125］黄寿峰.财政分权对中国雾霾影响的研究［J］. 世界经济，2017（2）：127-152.

［126］景维民，张璐.环境管制、对外开放与中国工业的绿色技术进步［J］. 经济研究，2014（9）：34-47.

[127] 李虹，邹庆.环境规制、资源禀赋与城市产业转型研究——基于资源型城市与非资源型城市的对比分析 [J]. 经济研究，2018 (11)：182-198.

[128] 李蕾蕾，盛丹.地方环境立法与中国制造业的行业资源配置效率优化 [J]. 中国工业经济，2018 (7)：136-154.

[129] 李猛.财政分权与环境污染——对环境库兹涅茨假说的修正 [J]. 经济评论，2009 (5)：54-59.

[130] 李青原，肖泽华.异质性环境规制工具与企业绿色创新激励——来自上市企业绿色专利的证据 [J]. 经济研究，2020 (9)：192-208.

[131] 李树，陈刚.环境管制与生产率增长：以APPCL2000的修订为例 [J]. 经济研究，2013 (1)：17-31.

[132] 李小平，卢现祥，陶小琴.环境规制强度是否影响了中国工业行业的贸易比较优势 [J]. 世界经济，2012 (4)：62-78.

[133] 梁平汉，高楠.人事变更、法制环境和地方环境污染 [J]. 管理世界，2014 (6)：65-78.

[134] 林伯强，蒋竺均.中国二氧化碳的环境库兹涅茨曲线预测及影响因素分析 [J]. 管理世界，2009 (4)：27-36.

[135] 林伯强，刘泓汛.对外贸易是否有利于提高能源环境效率——以中国工业行业为例 [J]. 经济研究，2015 (9)：127-141.

[136] 林峰艺.我国环境政策的历史演变及启示 [J]. 南方论刊，2009 (9)：56-57.

[137] 刘建伟.建国后中国共产党对环境问题认识的演进 [J]. 理论导刊，2011 (10)：12-14.

[138] 刘啟仁，陈恬.出口行为如何影响企业环境绩效 [J]. 中国工业经济，2020 (1)：99-117.

[139] 龙小宁，万威.环境规制、企业利润率与合规成本规模异质性 [J]. 中国工业经济，2017 (6)：155-174.

[140] 卢建新，于路路，陈少衔.工业用地出让、引资质量底线竞争与环境污染——基于252个地级市面板数据的经验分析 [J]. 中国人

口·资源与环境，2017（3）：90-98.

［141］彭水军，刘安平.中国对外贸易的环境影响效应：基于环境投入-产出模型的经验研究［J］. 世界经济，2010（5）：140-160.

［142］齐绍洲，林屾，崔静波.环境权益交易市场能否诱发绿色创新？——基于我国上市公司绿色专利数据的证据［J］. 经济研究，2018（12）：129-143.

［143］祁毓，卢洪友，徐彦坤.中国环境分权体制改革研究：制度变迁、数量测算与效应评估［J］. 中国工业经济，2014（1）：31-43.

［144］曲格平.中国环境保护四十年回顾及思考［J］. 环境保护，2013（10）：10-17.

［145］曲格平，彭近新.环境觉醒：人类环境会议和中国第一次环境保护会议［M］. 北京：中国环境科学出版社，2010.

［146］任力，黄崇杰.国内外环境规制对中国出口贸易的影响［J］. 世界经济，2015（5）：59-80.

［147］盛丹，李蕾蕾.地区环境立法是否会促进企业出口［J］. 世界经济，2018（11）：145-168.

［148］宋马林，王舒鸿.环境库兹涅茨曲线的中国“拐点”：基于分省数据的实证分析［J］. 管理世界，2011（10）：168-169.

［149］童健，刘伟，薛景.环境规制、要素投入结构与工业行业转型升级［J］. 经济研究，2016（7）：43-57.

［150］王兵，戴敏，武文杰.环保基地政策提高了企业环境绩效吗？——来自东莞市企业微观面板数据的证据［J］. 金融研究，2017（4）：143-160.

［151］王兵，聂欣.产业集聚与环境治理：助力还是阻力——来自开发区设立准自然实验的证据［J］. 中国工业经济，2016（12）：75-89.

［152］王兵，吴延瑞，颜鹏飞.中国区域环境效率与环境全要素生产率增长［J］. 经济研究，2010（5）：95-109.

［153］王芳，曹一鸣，陈硕.反思环境库兹涅茨曲线假说［J］. 经济学（季刊），2020（1）：81-100.

［154］王刚.环保督察“上岗”［J］. 中国新闻周刊，2006（44）：20.

［155］王金南，董战峰，蒋洪强，等.中国环境保护战略政策70年历史变迁与改革方向［J］. 环境科学研究，2019（10）：1636-1644.

［156］王敏，黄滢.中国的环境污染与经济增长［J］. 经济学（季刊），2015（2）：557-578.

［157］席鹏辉.财政激励、环境偏好与垂直式环境管理——纳税大户议价能力的视角［J］. 中国工业经济，2017（11）：100-117.

［158］夏友富.外商投资中国污染密集产业现状、后果及其对策研究［J］. 管理世界，1999（3）：109-123.

［159］肖鹏.为建设美丽中国筑牢制度保障［N］. 中国环境报，2020-05-19（3）.

［160］许广月，宋德勇.中国碳排放环境库兹涅茨曲线的实证研究——基于省域面板数据［J］. 中国工业经济，2010（5）：37-47.

［161］薛钢，潘孝珍.财政分权对中国环境污染影响程度的实证分析［J］. 中国人口·资源与环境，2012（1）：77-83.

［162］杨继生，徐娟，吴相俊.经济增长与环境和社会健康成本［J］. 经济研究，2013（12）：17-29.

［163］杨子晖，田磊."污染天堂"假说与影响因素的中国省际研究［J］. 世界经济，2017（5）：148-172.

［164］叶金珍，安虎森.开征环保税能有效治理空气污染吗［J］. 中国工业经济，2017（5）：54-74.

［165］尹振东，聂辉华.腐败、官员治理与经济发展［J］. 经济学（季刊），2020（2）：411-432.

［166］余泳泽，孙鹏博，宣烨.地方政府环境目标约束是否影响了产业转型升级？［J］. 经济研究，2020（8）：57-72.

［167］袁道凌.环保综合督查需常态化［N］. 中国环境报，2015-02-10（2）.

［168］张可，豆建民.集聚与环境污染——基于中国287个地级市的经验分析［J］. 金融研究，2015（12）：32-45.

［169］张克中，王娟，崔小勇.财政分权与环境污染：碳排放的视角［J］. 中国工业经济，2011（10）：65-75.

[170] 张琦，郑瑶，孔东民.地区环境治理压力、高管经历与企业环保投资——一项基于《环境空气质量标准（2012）》的准自然实验［J］.经济研究，2019（6）：183-198.

[171] 张伟，吴文元.基于环境绩效的长三角都市圈全要素能源效率研究［J］.经济研究，2011（10）：95-109.

[172] 张晓.中国环境政策的总体评价［J］.中国社会科学，1999（3）：88-99.

[173] 张宇，蒋殿春.FDI、环境监管与能源消耗：基于能耗强度分解的经验检验［J］.世界经济，2013（3）：103-123.

[174] 张征宇，朱平芳.地方环境支出的实证研究［J］.经济研究，2010（5）：82-94.

[175] 赵细康，李建民，王金营，等.环境库兹涅茨曲线及在中国的检验［J］.南开经济研究，2005（3）：48-54.

[176] 朱平芳，张征宇，姜国麟.FDI与环境规制：基于地方分权视角的实证研究［J］.经济研究，2011（6）：133-145.

[177] 朱向东，贺灿飞，李茜，等.地方政府竞争、环境规制与中国城市空气污染［J］.中国人口·资源与环境，2018（6）：103-110.

索引